探索生物大数据：原理、方法和应用

黄海辉　著

中国纺织出版社有限公司

图书在版编目（CIP）数据

探索生物大数据：原理、方法和应用 / 黄海辉著 .

北京：中国纺织出版社有限公司，2024.7. -- ISBN

978-7-5229-1989-8

Ⅰ . Q811.4

中国国家版本馆 CIP 数据核字第 2024X1D022 号

责任编辑：张　宏　　责任校对：王蕙莹　　责任印制：储志伟

中国纺织出版社有限公司出版发行

地址：北京市朝阳区百子湾东里 A407 号楼　邮政编码：100124

销售电话：010—67004422　传真：010—87155801

http://www.c-textilep.com

中国纺织出版社天猫旗舰店

官方微博 http://weibo.com/2119887771

天津千鹤文化传播有限公司印刷　各地新华书店经销

2024 年 7 月第 1 版第 1 次印刷

开本：710×1000　1/16　印张：12.5

字数：200 千字　定价：98.00 元

Preface 前言

　　生物学领域正处于数据革命的前沿，随着技术的进步和数据的爆炸性增长，生物大数据成为推动科学发展和医疗创新的关键力量。《探索生物大数据：原理、方法和应用》一书，正是应对这一挑战和机遇的产物。本书系统地介绍了生物大数据的原理、方法和应用，旨在为读者提供深入的理论探讨和实践案例，助其更好地理解和应用生物大数据分析的技术和工具。

　　生物大数据的概念并非只是简单地描述数据的规模，它包括了多种数据类型、来源和应用场景。本书首先从生物大数据的定义和背景入手，梳理了其在科学研究和医疗领域的重要性，为读者建立起全面的认知框架。随后，生物数据采集与存储、数据预处理、分析工具和技术等方面，涵盖了数据获取到数据分析的全过程。特别值得一提的是，本书不仅介绍了基本的统计方法和数据可视化工具，还重点探讨了机器学习、深度学习和神经网络在生物数据分析中的应用，展示了现代计算技术在生物学领域的强大潜力。

　　基因组学、蛋白质组学和转录组学作为生物学研究的重要支柱，在本书中也得到了充分的关注。对于基因组测序数据、质谱数据和转录组测序数据的处理和分析，以及在疾病研究、药物发现和癌症研究中的应用，本书都进行了详尽的阐述和案例展示。通过这些内容，读者不仅可以了解到生物学数据的特点和处理方法，还深入探讨其在解决现实问题中的应用价值。最后，本书还展望了生物大数据在临床医学、生物信息学和环境科学等领域的未来发展趋势，揭示了其在推动医疗健康、生态保护和科学研究方面的巨大潜力。无论是从学术研究的角度还是从实际应用的层面，生物大数据都将成为未来科学发展的重要引擎之一。

　　在编写本书的过程中，我们深切地感受到了生物大数据领域的活力和挑战。我们衷心希望本书能够为生物学家、数据科学家和医学研究者提供宝贵的参考和启示，促进生物大数据分析技术的进步和应用的推广，为人类健康和科学进步作出更大的贡献。

黄海辉

2024 年 4 月

Contents 目 录

第一章　生物大数据概述

第一节　生物大数据的定义和背景

一、生物大数据概念的界定

生物大数据的概念界定是对当今生物学领域中产生的大规模、高维度、多样化数据集合进行定义和描述。这些数据源自生物学实验和观测，涵盖了基因组、转录组、蛋白质组等不同层面的数据，具有数据量巨大、复杂多样、动态变化等特点。这一概念的提出反映了生物学研究从传统的实验室实验转向了数据驱动的科学探索，揭示了生物学领域面临的新挑战和机遇。

第一，生物大数据的特征之一是数据量巨大。随着生物技术的飞速发展，包括基因测序、蛋白质质谱等在内的高通量实验技术不断涌现，生物学领域产生的数据量呈指数级增长。例如，全基因组测序技术的普及使得大量个体的基因组数据得以获取，大幅提升了我们对基因组的认识。

第二，生物大数据具有复杂多样的特点。生物系统的复杂性决定了生物数据往往具有多种类型、多种形态和多种关联关系。例如，基因组数据不仅包括基因序列，还包括基因的表达水平、突变信息等多种信息；而蛋白质组数据则涵盖了蛋白质的结构、功能、相互作用等多方面信息。这种复杂性给生物数据的处理和分析带来了挑战，也为生物学研究提供了更多的可能性。

第三，生物大数据还呈现出动态变化的特点。生物系统是一个动态平衡的网络，受到内外环境的影响而发生变化。因此，生物数据往往具有时空分布的特征，需要通过时间序列分析和空间定位技术来揭示其变化规律。例如，在研究疾病发展过程中，通过追踪患者的转录组数据随时间的变化，可以发现疾病相关基因的表达模式，为疾病的早期诊断和治疗提供重要依据。

二、生物大数据背后的技术和方法演进

（一）生物实验技术的突破

生物实验技术的突破是生物大数据涌现的重要推动力之一。随着科学仪器的不断更新和实验方法的不断创新，生物学领域出现了一系列革命性的实验技术，为生物数据的产生提供了强大支撑。

1.基因测序技术的突破

20 世纪末至 21 世纪初，随着 Sanger 测序技术、次代测序技术（如 454、Illumina、Ion Torrent 等）的不断完善和商业化，基因组测序成本大幅降低，测序速度和准确性不断提升。这使得大规模基因组测序成为可能，从而产生了大量的基因组数据，为生物大数据的形成奠定了基础。

2.高通量测序技术的普及

高通量测序技术的普及使得大规模的基因组、转录组和蛋白质组数据得以获取。通过高通量测序，科学家们可以同时测定数以万计的样本，大幅加快了生物学研究的进程。

（二）信息技术的创新

信息技术的创新是生物大数据处理和分析的关键。随着计算机技术的不断进步和生物信息学研究方法的不断发展，生物大数据的存储、处理和分析能力得到了极大提升，为生物学研究提供了强有力的支持。

1.生物信息学研究方法的创新

生物信息学作为生物大数据处理和分析的重要学科，涵盖了基因组学、转录组学、蛋白质组学等多个领域。生物信息学研究方法的创新包括序列比对算法、基因功能注释工具、生物网络分析方法等，为生物数据的解释和挖掘提供了重要手段。

2.数据管理与分析平台的建设

为了有效管理和分析生物大数据，研究人员开发了各种生物信息学数据库和分析工具，如 NCBI、Ensembl、UCSC 等数据库，以及 Bioconductor、Galaxy 等分析平台。这些数据库和平台为科学家提供了丰富的数据资源和分析工具，促进了生物学研究的国际合作和交流。

三、生物大数据对生命科学研究的意义和影响

（一）深化对生物系统的理解

生物大数据为科学家们提供了海量的生物信息，包括基因组、转录组、蛋白质组等多个层面的数据。这些数据的分析和挖掘使得我们能够更全面、更系统地理解生物系统的结构和功能。通过深入研究生物大数据，我们可以揭示基因与表型之间的关系，发现新的基因、蛋白质及其相互作用关系，从而深化对生物系统的理解。例如，基于基因组数据的关联分析可以发现新的遗传变异与疾病之间的关系，为疾病的机制研究提供重要线索。

（二）推动生命科学与其他学科领域的交叉与融合

生物大数据的涌现促进了生命科学与其他学科领域的交叉与融合，将生物学、计算机科学、数学等多个学科紧密结合起来。生物信息学的兴起为生物学与信息学的交叉提供了契机，推动了生物数据的处理和分析技术的发展。与此同时，系统生物学的发展将生物学研究转向了系统层面，强调了生物系统的整体性和相互作用。这种交叉与融合为生命科学领域带来了新的思路和方法，促进了生物学研究的进一步发展。

（三）促进个性化医疗和精准医学的发展

生物大数据的应用促进了个性化医疗和精准医学的发展，为医疗服务提供了更加精准、高效的手段。通过分析患者的生物数据，可以实现疾病的早期诊断、个性化治疗和预后评估，为临床医学带来了革命性的变化。例如，基于患者基因组信息的药物选择和剂量调整可以提高药物治疗的有效性和安全性，降低治疗风险。生物大数据的应用将个体差异考虑在内，为医疗决策提供了更加科学、个性化的依据。

第二节　生物大数据的种类和来源

一、基因组学数据

（一）基因组测序数据

基因组测序是对生物体遗传物质 DNA 序列的全面测定，是基因组学研究的

基础。基因组测序数据记录了生物体的基因组序列，其中包含了生物体遗传信息的全部或部分。主要包括以下几个方面：

1. 全基因组测序（Whole Genome Sequencing，WGS）

全基因组测序是对生物体的整个基因组 DNA 序列进行测定，旨在获得基因组的完整信息。这项技术的广泛应用使得科学家们能够探索基因组的广阔领域，从而在各个生物学领域取得突破性的进展。通过全基因组测序，研究人员可以发现新的基因、识别突变、研究遗传变异等，为遗传学、进化生物学等领域提供了重要的数据支持。

2. 全外显子组测序（Whole Exome Sequencing，WES）

全外显子组测序是对生物体外显子区域的 DNA 序列进行测定。外显子是编码蛋白质的基因区域，是基因功能的主要部分。全外显子组测序通常用于研究致病基因和突变的发现。通过全外显子组测序，科学家们能够更加精确地识别与疾病相关的突变，为疾病的诊断和治疗提供重要的参考。

3. RNA 测序（RNA Sequencing，RNA-Seq）

RNA 测序是对生物体内 RNA 分子的序列进行测定，能够反映基因的转录活动和表达水平。RNA 测序数据在生物医学领域中具有广泛的应用，可以用于研究基因表明调控、发现新的转录本等。通过 RNA 测序，研究人员能够深入了解基因表达的动态变化，从而揭示基因在不同生理和病理条件下的调控机制。

4. 单细胞测序（Single-cell Sequencing）

单细胞测序是对单个细胞的基因组或转录组进行测定，能够揭示不同类型细胞的特征和功能。单细胞测序数据在生物医学领域中具有广泛的应用前景，可以用于研究发育过程、细胞分化和肿瘤异质性等。通过单细胞测序，科学家们能够深入了解细胞在不同发育阶段和疾病状态下的转录组学特征，为个体化医学和精准医疗提供重要的数据支持。

（二）基因功能注释数据

基因功能注释是对基因组序列进行功能解释和注释，包括基因的结构、功能、调控元件等信息。基因功能注释数据为理解基因功能和生物过程提供了重要参考。主要包括以下几个方面：

1. 基因结构注释

基因结构注释是对基因组序列进行的关于基因结构特征的标注，其中包括基因的起始子、终止子、外显子和内含子等。这些结构特征的标注有助于科学家们理解基因的组成和结构。例如，通过识别外显子和内含子的位置，研究人员可以确定基因的编码区域和非编码区域，进而推断基因的转录起始位点和终止位点。基因结构注释为基因的功能研究和调控机制解析提供了基础性的信息。

2. 功能注释

功能注释是对基因功能进行解释和注释的过程，包括对基因参与的生物过程、分子功能、细胞组分等方面的描述。功能注释数据通常来自多个数据库和软件，如 Gene Ontology（GO）、Kyoto Encyclopedia of Genes and Genomes（KEGG）等。这些数据库和软件提供了丰富的生物信息和功能分类体系，有助于科学家们理解基因的功能和其在生物体内的作用。通过功能注释，研究人员可以探索基因参与的生物过程、通路和功能，从而深入了解基因在生命活动中的重要作用。

3. 调控元件注释

调控元件注释涉及对基因的启动子、增强子、转录因子结合位点等调控元件进行标注和分析。这些调控元件在基因的转录调控和表达调控中起着重要的作用，通过调控元件注释，研究人员可以更好地理解基因的调控机制和表达调控网络。例如，识别启动子和转录因子结合位点有助于理解基因的转录启动和调控机制，而增强子的标注则可以揭示基因的增强子调控网络和调控因子。

二、蛋白质组学数据

蛋白质组学数据主要涉及蛋白质的结构、功能和相互作用关系，主要包括：

（一）质谱数据

质谱技术是用于分析蛋白质组成和结构的重要方法之一，通过质谱仪器将蛋白质分子转化为离子，然后根据其质荷比（m/e）比例进行分析。质谱数据记录了蛋白质的质谱图谱和相关信息，包括质荷比、峰强度、碎片谱图等。主要应用如下：

1. 蛋白质鉴定

质谱数据在蛋白质鉴定中发挥着至关重要的作用。通过质谱技术，可以对生物样本中的蛋白质进行快速、准确地鉴定。这种鉴定通常通过将质谱数据与已知的蛋白质数据库进行比对或者进行谱图匹配等方法实现。质谱数据的分析能够确定样本中存在的蛋白质种类和数量，为后续的生物学研究提供了重要的基础数据。

2. 蛋白质修饰研究

质谱数据还可用于研究蛋白质的各种修饰形式，如磷酸化、甲基化、乙酰化等。蛋白质的修饰状态对其功能和活性具有重要影响，因此，对蛋白质修饰的研究具有重要意义。通过对质谱数据的分析，研究人员可以获得蛋白质修饰的类型、位置和丰度等信息，从而深入了解蛋白质功能调控的机制。

3. 蛋白质结构分析

质谱数据也被广泛用于研究蛋白质的结构和构象变化。质谱技术结合其他结构生物学方法，如质谱联用技术、蛋白质组学、核磁共振等，可以提供有关蛋白质折叠状态、亚单位组成等信息。这些数据有助于科学家们理解蛋白质的功能和结构之间的关系，为深入探究蛋白质的生物学功能奠定了基础。

（二）蛋白质互作网络数据

蛋白质互作网络反映了蛋白质之间的相互作用关系，包括蛋白质—蛋白质相互作用、蛋白质—核酸相互作用等。蛋白质互作网络数据有助于科学家们理解蛋白质功能和细胞信号传导等生物过程，主要应用如下：

1. 功能模块鉴定

蛋白质互作网络数据提供了丰富的信息，可用于识别具有相关功能的蛋白质模块，进而揭示生物过程中的功能模块和通路。通过分析蛋白质相互作用网络，可以识别出密集连接的蛋白质群组，这些群组可能在特定的生物学过程中共同参与，形成功能模块。例如，通过社区检测算法可以发现网络中具有高度相互作用的蛋白质模块，从而识别出在细胞信号传导、代谢途径等生物学过程中起关键作用的功能模块。

2. 蛋白质功能预测

基于蛋白质互作网络数据，可以进行蛋白质功能的预测和生物学过程的研究。蛋白质互作网络反映了蛋白质之间的相互作用关系，通过分析网络拓扑结构和蛋白质的拓扑属性，可以推断蛋白质的功能和参与的生物学过程。例如，基于蛋白质互作网络的模块度和节点重要性，可以预测蛋白质在细胞信号传导、代谢途径、基因调控等方面的功能和作用机制。这些预测结果为后续的实验研究提供了重要的方向和参考。

3. 药物靶点发现

蛋白质互作网络数据还可用于发现潜在的药物靶点，为药物研发提供新的思路和策略。通过分析蛋白质互作网络中的中心度指标和重要性节点，可以识别出在疾病发生、发展中起关键作用的蛋白质靶点。这些靶点可能是疾病的关键调控因子或致病蛋白质，蛋白质互作网络数据可以为药物设计和开发提供重要的靶点候选列表。例如，针对蛋白质互作网络中的核心节点进行药物筛选和设计，可以发现具有潜在治疗效果的药物靶点，并推动新药的研发和临床应用。

三、转录组学数据

（一）转录组测序数据

转录组测序是对生物体内 RNA 序列的全面测定，记录了基因的表达水平和转录变化情况。转录组测序数据可用于以下方面：

1. 发现新基因

转录组测序是对生物体内 RNA 序列的全面测定，可以帮助科学家发现新的基因。除了能够检测到编码蛋白质的 mRNA 外，转录组测序还可以发现一些非编码 RNA，如微小 RNA（miRNA）和长非编码 RNA（lncRNA）等。这些非编码 RNA 在基因调控、细胞信号传导、疾病发生等方面发挥着重要作用。通过对转录组测序数据的分析，科学家们可以识别出新的基因，从而加深对基因组的理解。

2. 分析基因表达模式

转录组测序数据可以用于分析不同条件下基因的表达模式，比较不同样本间基因表达的差异，从而揭示生物体在不同生理状态下的基因表达规律。例如，在疾病和健康状态之间进行比较分析，可以发现与疾病相关的基因表达变化，从而识别潜在的生物标志物或治疗靶点。此外，通过对时间序列数据的分析，还可以探索基因表达的动态变化过程，揭示基因在生物发育、细胞周期等过程中的调控机制。

3. 探究转录调控机制

转录组测序数据有助于研究基因的转录调控机制，如转录因子的调控、剪接变异等，进而理解生物体内基因的表达调控网络。通过分析基因的启动子、增强子和转录因子结合位点等调控元件，可以识别出调控基因表达的关键因子，并揭示其调控机制。此外，转录组测序还可以检测到 RNA 修饰如 N6- 甲基腺嘌呤（m6A）修饰等，这些修饰对基因表达的调控也具有重要作用。

（二）基因表达调控网络数据

基因表达调控网络描述了基因之间的调控关系和信号传导路径，反映了生物体内基因表达调控的复杂性和动态性。基因表达调控网络数据有助于以下方面：

1. 理解基因调控机制

基因表达调控网络数据为科学家提供了洞察基因调控机制的窗口。通过分析基因表达调控网络，可以识别出转录因子与其调控的靶基因之间的相互作用关系。这些数据可以表明哪些基因受到哪些转录因子的调控，从而帮助科学家深入了解基因的转录调控机制。此外，miRNA 也是基因表达调控网络中的重要调控因子，其通过靶向 mRNA 影响基因的表达水平，进而影响生物体内的生物学过程。

2. 探究生物过程调控网络

构建基因表达调控网络有助于揭示生物体内复杂的生物过程调控网络。生物体内的细胞信号传导、代谢通路等生物过程都是由基因表达调控网络调控的，这些网络的建立和分析有助于科学家理解生物体内不同生物过程之间的调控关系和相互作用。例如，对于细胞信号传导网络的研究可以帮助科学家们了解细胞如何接收和响应外界信号，从而控制细胞的生理功能。

3. 发现生物标志物

基因表达调控网络数据为发现与特定生物过程或疾病相关的生物标志物提供了新的途径。通过分析基因表达调控网络，科学家们可以识别出在特定生理或病理状态下表达水平显著变化的基因或调控因子，这些变化可能反映出与疾病相关的生物学过程。因此，基因表达调控网络数据为疾病诊断和治疗提供了新的靶点和策略，有助于研究更加精准的诊断方法和制订个性化的治疗方案。

四、其他生物学数据类型和来源

（一）代谢组学数据

代谢组学是研究生物体内代谢产物的组成和变化的学科，主要涉及代谢物的质谱数据和核磁共振数据等。代谢组学数据的特点在于它可以直接反映生物体内代谢活动的状态和变化，包括小分子代谢产物的种类、丰度以及代谢通路的活性等。通过分析代谢组学数据，可以深入了解生物体内的代谢调控网络，揭示疾病发生发展的机制，为临床诊断和治疗提供新的思路和方法。

（二）表观遗传学数据

表观遗传学研究基因组 DNA 的表观修饰，包括 DNA 甲基化、组蛋白修饰等，反映了基因表达的调控状态。表观遗传学数据的获取主要通过测序技术和组学技术，如甲基化测序、染色质免疫沉淀测序（ChIP-Seq）等。这些数据可以揭示基因组的表观调控机制，了解基因表达的时空调控模式，以及表观遗传学在疾病发生、发展中的作用。

（三）数据来源

生物学数据来源广泛，主要包括实验室实验、临床样本和公共数据库等。实验室实验产生的数据通常具有针对性和高质量，例如，通过分子生物学实验、生物化学实验等手段获取的数据。临床样本的数据更贴近生物体内真实情况，可通过临床试验、病例研究等方式获得。此外，公共数据库如美国国家生物技术信息中心（NCBI）、Ensembl 等提供了大量的生物学数据资源，包括基因组数据、蛋白质序列数据、表达数据等，为研究人员提供了便利的数据检索和分析平台。

第三节 生物大数据在科学研究和医疗领域的重要性

一、生物大数据在基础科学研究中的应用

生物大数据在基础科学研究中的应用是当今生命科学领域的重要组成部分。

它为科学家们提供了丰富的数据资源，支持着从基因组学到系统生物学等各种研究领域的发展。通过深入分析生物大数据，科学家们能够全面地理解生物体内复杂的结构、功能和调控机制，从而揭示生命的奥秘，推动科学的进步。

（一）探索基因、蛋白质及其他生物分子的功能和相互作用关系

生物大数据的应用使得研究者能够更加深入地探索基因、蛋白质及其他生物分子的功能和相互作用关系。基因组学数据的分析可以帮助科学家们发现新的基因、预测蛋白质编码区域，从而揭示基因与表型之间的关系。此外，蛋白质组学数据的研究有助于科学家们理解蛋白质的结构、功能和相互作用，为药物研发提供了重要的理论基础。

（二）提供疾病发病机制研究的重要数据支持

生物大数据为疾病的发病机制研究提供了重要的数据支持。通过对生物大数据的分析，科学家们可以深入探究疾病发生、发展的分子机制，如癌症的基因突变、神经退行性疾病的蛋白质聚集等。这些研究不仅有助于提高人们对疾病的认识，还为新药研发和治疗方法的研究提供了重要的理论基础。

（三）推动系统生物学等交叉领域的发展

生物大数据的应用也推动了系统生物学等交叉领域的发展。系统生物学致力于研究生物系统的整体性和相互作用关系，强调生物体内各种分子之间的复杂网络。通过对生物大数据的整合和分析，科学家们能够构建出生物体内的调控网络，从而深入理解生命的运作方式。

二、生物大数据在医学诊断和治疗中的作用

生物大数据的应用给医学诊断和治疗带来了革命性的变化，对医学领域的发展产生了深远的影响。通过深入分析患者的生物数据，医学界能够提供更准确、更个性化的诊断和治疗方案，从而提高医疗水平和患者的生存率。

（一）生物大数据为疾病的早期诊断提供了强大的支持

生物大数据在疾病的早期诊断中发挥着日益重要的作用，为医生提供了强大的数据支持和丰富的信息资源。通过对生物大数据的分析，医生们可以识别出潜在的疾病风险因素和早期预警信号，使得疾病可以在早期阶段被及时发现和干预，从而提高患者的治疗效果和生存率。

一方面，基于基因组测序数据的分析为早期疾病诊断提供了重要依据。随着高通量测序技术的发展，医生可以更加全面地了解个体的遗传信息，发现潜在的疾病风险因素和遗传突变。例如，某些遗传疾病如遗传性心脏病、囊性纤维化等往往具有家族聚集性，通过基因组测序可以发现患者携带的与这些疾病相关的致病基因，从而进行早期干预和治疗。此外，基因组测序还可以用于预测个体对特定药物的代谢能力和药物反应，为个体化药物治疗提供依据，从而提高治疗效果，减少不良反应的发生率。

另一方面，蛋白质组学数据和代谢组学数据等也为早期疾病诊断提供了重要的信息。蛋白质组学数据可以揭示患者体内蛋白质的表达水平和蛋白质组成的变化，从而发现与疾病相关的生物标志物。例如，某些肿瘤在早期阶段可能并不容易被发现，但通过分析血清中特定蛋白质的表达水平，可以识别出患肿瘤的风险，从而进行更早的肿瘤筛查和诊断。此外，代谢组学数据可以反映患者体内代谢产物的组成和变化，帮助医生了解疾病的代谢特征和生物学过程，为疾病的早期诊断提供了新的途径和方法。

（二）生物大数据为个性化医疗提供了重要的支持

个性化医疗指的是基于个体的遗传信息、生理特征和生活方式等因素，为患者量身定制医疗方案，旨在实现对患者的个性化治疗和管理。

1. 生物大数据为个性化医疗提供了基础

通过分析患者的基因组数据，医生们可以了解到患者的遗传特征、易感基因以及药物代谢能力等信息。这些信息可以用于预测患者对特定药物的反应，帮助医生选择最适合患者的药物治疗方案，避免因药物不良反应而影响治疗效果。例如，某些患者可能具有特定的基因变异，导致其对某些药物的代谢能力较低，容易出现药物中毒反应。通过分析基因组数据，医生可以预测这些患者对这些药物的反应，从而调整药物剂量或选择其他药物，确保治疗的安全性和有效性。

2. 转录组数据在个性化医疗中发挥着重要作用

转录组数据可以反映基因的表达水平和调控情况，帮助医生了解患者在疾病状态下基因表达的变化。通过分析转录组数据，医生可以识别出与疾病相关的基因表达模式和生物标志物，为疾病的诊断和治疗提供新的靶点和策略。例如，在肿瘤治疗中，通过分析肿瘤组织的转录组数据，可以发现肿瘤特异性的基因表达模式，从而为个性化治疗方案的制定提供依据，实现对肿瘤的精准治疗。

3.蛋白质组数据、代谢组数据等生物大数据为个性化医疗提供了重要支持

蛋白质组数据可以帮助医生了解患者体内蛋白质的表达水平和修饰情况，从而为疾病的诊断和治疗提供新的生物标志物和靶点。代谢组数据可以反映患者体内代谢产物的组成和变化，帮助医生了解患者的代谢特征和生理状态，为疾病的诊断和治疗提供新的线索和方法。

（三）生物大数据驱动医学的科学化与精准化

生物大数据的迅速发展为医学研究带来了前所未有的机遇和挑战，推动了医学的科学化与精准化发展。其中，生物大数据提供的丰富样本数据成为医学研究的宝贵资源，为疾病诊断标准的更新和改进提供了有力支持。通过对大规模的生物数据进行整合和分析，医学研究者们可以发现新的疾病标志物、诊断方法和治疗策略，为临床医学的发展带来了新的思路和方法。

1.生物大数据的广泛应用丰富了医学研究的样本库

传统医学研究常常受限于样本数量和质量，导致研究结果的可靠性和适用性受到挑战。然而，随着生物大数据技术的不断发展，大量的生物数据被积累和共享，为医学研究提供了丰富的样本资源。这些数据涵盖了不同种群、不同疾病类型和不同生理状态下的样本信息，为医学研究提供了更广泛、更全面的研究基础。

2.生物大数据的整合和分析为疾病诊断标准的更新和改进提供了重要支持

传统的疾病诊断常常基于临床表现和影像学检查，存在主观性和局限性。而生物大数据技术的应用使得医学研究者们可以从分子水平上理解疾病的发生和发展机制，发现新的疾病标志物，研究新的诊断方法。例如，通过对大规模基因组数据的分析，研究者们可以发现与特定疾病相关的基因变异，从而开发基于遗传标记的疾病诊断方法，提高诊断的准确性和敏感性。

3.生物大数据的应用促进了医学研究和临床实践的科学化和精准化发展

传统医学往往依赖于临床经验和试错方法，存在诊断和治疗的主观性和不确定性。而生物大数据技术的应用使得医学研究和临床实践更加依据科学证据，

推动医学从经验医学向证据医学转变。通过对大规模生物数据的分析，医学研究者们可以发现疾病的分子机制、病因和发展过程，为临床医学的治疗方案提供科学依据，实现对患者的个性化治疗和管理。

三、生物大数据对于个性化医疗和精准医学的推动

个性化医疗和精准医学是现代医学的重要发展方向，其核心理念是根据个体的生物特征和疾病分子机制提供个性化和精准化的医疗服务，从而实现更有效的治疗效果，常给患者更好的医疗体验。

（一）提供技术支持和数据基础

提供技术支持和数据基础的重要性在于其为个性化医疗和精准医学的实现提供了关键支持。通过分析患者的基因组、转录组、蛋白质组等生物大数据，医生可以更准确地评估患者的疾病风险，预测患者对特定治疗方案的反应，并为患者制定个性化的治疗方案。这种个性化的医疗方案可以显著提高治疗的有效性和安全性，为患者带来更好的治疗效果和生活质量。

基于基因组学数据的个性化药物选择是个性化医疗的重要应用之一。通过对基因组学数据的分析，可以揭示患者个体的遗传变异和基因型特征，从而确定其对特定药物的代谢能力、药效和毒性反应。例如，某些患者可能由于基因型的特殊变异，体内某些药物代谢酶的活性较低，导致该药物的代谢缓慢，从而增加了药物在血浆中的浓度，可能导致药物的毒性反应。而对于另一些患者，其基因型可能使得他们对某些药物的代谢能力增强，因此需要更高的剂量才能达到治疗效果。通过对基因组学数据的分析，医生可以根据患者的个体遗传特征，调整药物的剂量、种类和给药方式，以提高治疗的效果和安全性。

此外，转录组和蛋白质组等生物大数据的分析也为个性化医疗提供了重要支持。转录组数据可以反映基因的表达水平和转录调控的状态，从而揭示患者疾病发展的分子机制和可能的治疗靶点。蛋白质组数据则可以帮助识别患者体内的蛋白质变化，如蛋白质修饰、蛋白质丰度等，为疾病的诊断和治疗提供更加全面和准确的信息。

（二）推动精准医学的发展

精准医学的核心理念是根据患者的分子特征和病理生理状态，为其提供个

性化的诊断、治疗和预防方案，以实现更有效的医疗效果，减少不良反应。生物大数据的分析为精准医学的实践提供了重要的理论和实践基础，推动了医学从传统的症状治疗向分子层面的精准治疗的转变。

一方面，生物大数据的分析揭示了疾病的分子机制和病理生理过程，为精准医学提供了重要的理论基础。通过对疾病样本的基因组、转录组、蛋白质组等生物大数据的分析，可以发现疾病相关基因的突变、异常表达的基因和蛋白质，以及关键的信号通路和生物过程。例如，在肿瘤领域，通过分析肿瘤组织的基因组数据，可以发现不同肿瘤类型的突变特征和驱动基因，为肿瘤的分类和治疗提供了重要依据。这些分子特征的发现为精准医学的实践提供了重要的依据，使医生能够更加准确地了解患者的疾病状态，为其制定个性化的治疗方案。

另一方面，生物大数据的分析为精准医学提供了实践基础。通过对患者个体的生物数据进行分析，可以预测患者对特定治疗方案的反应，指导临床医生的治疗决策。例如，在肿瘤治疗中，基于肿瘤组织的基因组数据，可以预测患者对特定靶向药物的反应，从而为医生选择最合适的治疗方案提供了重要依据。此外，生物大数据的分析还可以帮助医生评估患者的疾病风险、预测疾病的进展和转归，为早期干预和预防提供了重要支持。

（三）促进医学研究和临床实践的深度融合

生物大数据的广泛应用不仅促进了医学研究和临床实践的深度融合，还为医学领域的科学化和精准化发展提供了新的动力和机遇。通过整合临床样本和生物大数据，医学研究者们可以在多个层面发现新的疾病标志物、诊断方法和治疗策略，从而为临床医学的发展提供新的思路和方法。

第一，生物大数据的分析为医学研究者们提供了更广阔的研究视野和研究思路。通过对临床样本和生物大数据的整合分析，医学研究者们可以发现与疾病相关的新的生物标志物，揭示疾病的发生机制和进展过程。例如，在癌症领域，通过对肿瘤组织的基因组、转录组和蛋白质组数据的整合分析，医学研究者们可以发现新的癌症驱动基因、代谢途径和信号通路，为癌症的早期诊断和治疗提供新的靶点和策略。

第二，生物大数据的应用推动了医学从经验医学向证据医学的转变。通过对大规模临床样本和生物大数据的分析，医学研究者们可以获取更可靠的数据和更准确的结论，从而提高了医学研究的科学性和可信度。例如，在临床试验设计和结果解读方面，生物大数据的应用可以帮助医学研究者们更好地评估药物的疗效和安全性，优化治疗方案和临床实践流程，最大程度地提高患者的治疗效果和生活质量。

　　第三，生物大数据的应用加速了医学研究和临床实践的科学化和精准化发展。通过整合临床样本和生物大数据，医学研究者们可以开展更深入、更全面的研究，从而实现医学研究和临床实践的有机融合和相互促进。例如，在转化医学领域，生物大数据的应用可以帮助医学研究者们更好地理解疾病的分子机制和个体差异，加快新药研发和临床转化的进程，为患者提供更有效的治疗和管理方案。

第二章　生物数据采集与存储

第一节　生物数据的采集方法和工具

一、基因组测序技术

（一）全基因组测序（WGS）

全基因组测序技术是对生物体的整个基因组 DNA 序列进行测定。通过高通量测序平台，可以在相对较短的时间内获取生物体全部基因组的序列信息。WGS 技术可帮助科学家更全面地了解基因组的结构和组成，为基因变异分析、群体遗传学研究等提供重要的数据支持。

（二）全外显子组测序（WES）

全外显子组测序是对生物体外显子区域的 DNA 序列进行测定。外显子是编码蛋白质的基因区域，是基因功能的主要部分。WES 技术可以帮助科学家发现潜在的致病基因和突变，为遗传性疾病的诊断和研究提供重要信息。

（三）RNA 测序（RNA-Seq）

RNA 测序技术是对生物体内 RNA 分子的序列进行测定，可以反映基因的转录活动和表达水平。RNA-Seq 技术被广泛应用于基因表达调控、转录本差异分析、miRNA 研究等领域，为科学家理解基因功能和生物过程提供了重要数据支持。

二、蛋白质组学技术

蛋白质组一词，源于蛋白质与基因组两个词的组合，意指"一种基因组所表达的全套蛋白质"，即包括一种细胞乃至一种生物所表达的全部蛋白质。蛋白质组学本质上指的是在大规模水平上研究蛋白质的特征，包括蛋白质的表达水平、翻译后的修饰、蛋白与蛋白的相互作用等，由此获得蛋白质水平上的关于疾病发生、细胞代谢等过程的整体而全面的信息。

蛋白质组的研究不仅能为生命活动规律提供物质基础，也能为多种疾病机理的阐明及攻克提供理论根据和解决途径。通过对正常个体及病理个体间的蛋白质组比较分析，我们可以找到某些"疾病特异性的蛋白质分子"，它们可成为新药物设计的分子靶点，或者为疾病的早期诊断提供分子标志。有一些世界范围内销路的药物本身就是蛋白质或其作用靶点为某种蛋白质分子。因此，蛋白质组学研究不仅是探索生命奥秘的必需工作，也能为人类健康事业带来巨大的利益。

（一）双向凝胶电泳

双向凝胶电泳的原理是第一向基于蛋白质的等电点不同用等电聚焦分离，第二向则按分子量的不同用 SDS-PAGE 分离，把复杂蛋白混合物中的蛋白质在二维平面上分开。双向电泳技术在蛋白质组与医学研究中处于重要位置，它可用于蛋白质转录及转录后修饰研究，蛋白质组的比较和蛋白质间的相互作用研究，细胞分化凋亡研究，致病机制及耐药机制的研究、疗效监测、新药开发、癌症研究、蛋白纯度检查、小量蛋白纯化、新替代疫苗的研制等许多方面。近年来，经过多方面改进该技术已成为研究蛋白质组的最有使用价值的核心方法。

（二）等电聚焦

等电聚焦是 20 世纪 60 年代中期问世的一种利用有 pH 梯度的介质分离等电点不同的蛋白质的电泳技术。等电聚焦凝胶电泳依据蛋白质分子的静电荷或等电点进行分离，等电聚焦中，蛋白质分子在含有载体两性电解质形成的一个连续而稳定的线性 pH 梯度中电泳。载体两性电解质是脂肪族多氨基多羧酸，在电场中形成正极为酸性、负极为碱性的连续的 pH 梯度。蛋白质分子在偏离其等电点的 pH 条件下带有电荷，因此可以在电场中移动，当蛋白质迁移至其等电点位置时，其静电荷数为零，在电场中不再移动，据此将蛋白质分离。

（三）生物质谱

生物质谱技术是蛋白质组学研究中重要的鉴定技术，其基本原理是样品分子离子化后，根据不同离子之间的荷质比（m/e）的差异来分离并确定分子量。

用胰蛋白酶将经过双向电泳分离的目标蛋白质酶解（水解 Lys 或 Arg 的一 C 端形成的肽键）成肽段，对这些肽段用质谱进行鉴定与分析。目前常用的质谱包括两种：基质辅助激光解吸电离—飞行时间质谱（MALDI-TOF-MS）和电喷雾质谱（ESI-MS）。

（四）飞行时间质谱

MALDI 的电离方式是 Karas 和 Hillenkamp 于 1988 年提出的。MALDI 的基本原理是将分析物分散在基质分子（烟酸及其同系物）中并形成晶体，当用激光（337nm 的氮激光）照射晶体时，基质分子吸收激光能量，样品解吸附，基质—样品之间发生电荷转移使样品分子电离。它从固相标本中产生离子，并在飞行管中测定其分子量，MALDI-TOF-MS 一般用于肽质量指纹图谱，非常快速（每次分析只需 3~5min）、灵敏（达到 fmol 水平）、可以精确测量肽段质量，但是如果在分析前不修饰肽段，MALDI-TOF-MS 不能给出肽片段的序列。

（五）电喷雾质谱

ESI-MS 是利用高电场使质谱进样端的毛细管柱流出的液滴带电，在 N_2 气流的作用下，液滴溶剂蒸发，表面积缩小，表面电荷密度不断增加，直至产生的库仑力与液滴表面张力达到雷利极限，液滴爆裂为带电的子液滴，这一过程不断重复，最终的液滴非常细小，呈喷雾状，这时液滴表面的电场非常强大，使分析物离子化并以带单电荷或多电荷的离子形式进入质量分析器。ESI-MS 从液相中产生离子，一般说来，肽段的混合物经过液相色谱分离后，经过偶联的与在线连接的离子阱质谱分析，给出肽片段的精确的氨基酸序列，但是分析时间一般较长。

三、单细胞技术

细胞是生命体结构和生命活动的基本单元，要了解生命体中一些生命活动的规律，就必须以细胞为研究基础。在对细胞内组分的分析研究中，由于对单细胞分析的难度比较大，所以往往采取对细胞群体的分析手段来获得细胞中的化学信息，但是这样会有很多的局限性和弊端。在生物体内的组织具有不均匀性，单个细胞间更是存在较大的差异。在对细胞群体的统计分析结果中，掩盖了单细胞间的差异，导致医学、生物学及其他学科在进一步研究中受到限制。通过对单个细胞的研究，能够掌握更准确、更全面的细胞信息，可以深入探讨以往群体分析中平均结果对个别信息掩盖的局限性，单细胞分析的引入对于疾病的早期预防和诊断有重要的意义。

（一）单细胞分析技术

单细胞的分析能够准确地提供细胞内物质及细胞内生化反应的准确信息，能够反映出细胞的功能与化学组分间的特定关系，以及某些细胞在生命体内的特殊作用。在对单细胞的分析研究中，主要涉及单细胞进样、溶膜、衍生及检测技术。

1. 单细胞进样

单细胞分析中如何取样是该方法研究的关键之一。单个全细胞进样可以用电迁移或流体动力学进样。由于以上方法需要对毛细管的进样端口进行腐蚀，并且需要一些精密微操纵系统，所以操作比较复杂。

2. 单细胞溶膜

细胞在进入毛细管通道后，一般需要对细胞进行溶膜，以便进行细胞内物质的分析分离检测。通常使用表面活性剂或者低渗溶液达到使细胞膜破裂的目的，这种方法操作简单并且效率较高，细胞溶膜过程一般为几秒。对于细胞内一些反应速度很快（秒级或更短的时间）的生化反应，例如细胞内的酶活性，若要准确分析检测这些物质，就需要实验中能在亚秒（subsecond）时间内对细胞进行溶膜，终止其生化反应。基于电穿孔原理，实验人员又研制了一种新型的快速电溶膜方法，利用脉冲电压超过一定值将细胞膜击破。[1]该方法溶膜时间与激光溶膜法相当，并且不需要脉冲激光器，操作也十分简便，应用十分广泛。

3. 单细胞衍生

单细胞内很多物质没有天然的荧光特性或电化学活性，因此要对这些物质进行检测分析就需要经过衍生化。单细胞衍生有柱前衍生、柱后衍生、柱上衍生与细胞内衍生。

柱前衍生是指先将单细胞溶膜，使组分经过衍生后再注入毛细管进行电泳分离的分析方法。柱前衍生具有较大的自由性。柱上衍生的方法就是先把衍生试剂融入流动相中，再注入样品，使分析物和衍生试剂在流动相中完成反应。

---

[1] An FT, Wang Y, Sims CE, et.al. Fast electrical lysis of cells for capillary electrophoresis[J].Anal. Chem., 2003, 75: 3688-3696.

柱后衍生是分析物在色谱柱中分离后，与衍生池中的衍生剂反应，检测衍生产物。柱前和柱上衍生主要面对分析物的多重标记，导致电泳峰的分析及定量难以分辨。虽然柱后衍生能够克服这一弊端，但是需要衍生的反应速度必须很快，要在几秒内完成。

4. 单细胞检测技术

检测分析是单细胞研究在毛细管电泳中的核心问题。由于细胞体积很小，胞内组分含量一般都在 fmol-zmol 范围内，所以在单细胞分析中应用的检测器应至少能检测到 fmol 级。目前应用比较多的有紫外可见检测、电化学检测、荧光检测、质谱检测和免疫分析法等。

电化学分析可以不因毛细管内径极细而造成灵敏度的损失，并且进样量极小，所以很适合单细胞分析检测。其中毛细管电泳安培法在生物分析领域已成为很有前景的新技术。荧光检测器以其选择性好、灵敏度高的特点，在生物医学分析领域得到了广泛应用。特别是激光诱导荧光检测器可完成单分子和单原子的检测，在微柱分离组分检测与 DNA 快速序列分析等方面有重要用途。目前商品仪器多数采用紫外可见检测器，由于毛细管内径小，进样量低，导致光度检测的灵敏度降低。质谱法可以对未知物在无内标物的情况下进行定性分析，该法在研究生物分子方面具有很大意义。免疫法是采用抗原与抗体能够专一性结合进行检测分析的方法，具备高灵敏度与高特异性的特点。

（二）展望

随着单细胞分析技术的不断发展，从每次单个细胞进样慢慢发展到单个细胞连续进样，并且可以对多个连续进样的单细胞进行连续测定，快速、简捷、高效的分析方法已经成为当前单细胞分析研究中的普遍要求。单细胞分析中的操纵、进样、溶膜及检测涉及许多交叉相关的学科，可以结合相关各学科的发展优势，在物理、微加工及电子学等先进技术的帮助下，实现简单快速地完成对单细胞的分析研究。当前需要改善单细胞进样自动化，提高溶膜的有效化及合理化，增强检测的自动化，使单细胞分析的整个过程更加自动化、智能化，为医学、生物学、病理学以及临床学等方面的研究和应用提供更多帮助。

四、生物成像技术

（一）生物荧光成像

生物荧光成像技术利用荧光探针或标记的生物分子，通过荧光显微镜观察生物样本中的结构和分子分布。这项技术已被广泛应用于以下领域：

1. 细胞生物学

在细胞生物学中，生物荧光成像被用于观察细胞器的分布、细胞器间的相互作用以及细胞的运动和分裂过程。例如，荧光染色可以使细胞器和细胞结构呈现出不同的颜色，从而帮助科学家们研究细胞的结构和功能。

2. 神经科学

在神经科学领域，生物荧光成像被用于研究神经元的连接、突触传递和神经活动。通过标记神经元或突触中的蛋白质，科学家们可以观察神经网络的结构和功能，并研究神经系统在不同条件下的活动变化。

3. 肿瘤学

在肿瘤学研究中，生物荧光成像被用于观察肿瘤细胞的增殖、转移和药物治疗效果。通过标记肿瘤相关的分子或细胞，科学家们可以跟踪肿瘤的发展过程，评估治疗方案的有效性，并研究肿瘤细胞与微环境之间的相互作用。

（二）电镜成像

电镜成像技术是一种高分辨率的生物成像方法，可以观察生物样本的微观结构。根据观察对象的不同，电镜成像可分为透射电镜和扫描电镜两种类型。

1. 透射电镜

透射电镜被用于观察生物组织的内部结构，可以提供关于细胞器形态、亚细胞结构和细胞器间的相互关系的高分辨率图像。透射电镜广泛应用于细胞学、病理学和生物医学研究中，对于研究细胞器的结构和功能具有重要意义。

2. 扫描电镜

扫描电镜被用于观察生物样本表面的微观结构，可以提供高分辨率的表面形貌图像。扫描电镜广泛应用于生物学、材料科学和纳米技术等领域，在研究细胞表面结构、微生物形态和材料表面形貌等方面具有重要价值。

第二节 生物数据的存储和管理

一、生物数据存储的需求和挑战

（一）大容量存储

生物数据量庞大，包括基因组测序数据、蛋白质组学数据、转录组数据等，需要具备足够的存储容量来存储这些海量数据。因此，生物数据存储系统需要具备以下特点：

1. 扩展性

生物数据的增长速度快，因此存储系统需要具备良好的扩展性，以应对不断增长的数据量。传统的存储系统可能无法满足长期存储需求，因此需要采用可扩展的存储架构，例如分布式存储系统。分布式存储系统将数据分布在多个节点上，并通过网络连接这些节点，从而实现了存储容量的无限扩展。

2. 数据压缩

针对生物数据的特点，采用数据压缩技术可以有效减少对存储空间的占用。生物数据通常具有一定的重复性和规律性，例如基因组数据中存在大量的重复序列。通过采用压缩算法，如 Lempel-Ziv 压缩算法、gzip 压缩算法等，可以将数据进行有效压缩，从而节省存储空间。

3. 数据分级

根据数据的访问频率和重要性，将数据进行分级存储是一种有效的存储管理策略。常用数据通常需要较快的访问速度，因此可以存储在性能较高的存储介质上，如固态硬盘（SSD）或高速磁盘阵列（RAID）。而不常用的数据则可以迁移到性能较低、成本更低的存储介质上，如磁带或云存储服务。通过数据分级存储，可以实现存储资源的优化利用，同时降低存储成本。

（二）高性能存取

生物数据处理和分析需要高性能的计算资源支持，要求存储系统具有高性能的读写速度。因此，生物数据存储系统需要具备以下特点：

1. 快速读写速度

生物数据存储系统应具备快速的读写速度，以满足科学家对数据的高效访问和处理需求。特别是对于大规模的基因组测序数据和蛋白质质谱数据，需要存储系统能够快速地进行数据读取和写入。为了实现快速的读写速度，存储系统可以采用高速磁盘阵列（RAID）、固态硬盘（SSD）等高性能存储介质，并优化数据存储和读写算法。

2. 并行计算支持

生物数据处理和分析往往需要大量的计算资源，采用并行计算技术可以提高数据处理和分析的效率。生物数据存储系统应该支持并行计算框架，如 Hadoop 和 Spark，以实现对大规模数据的并行处理和分析。通过并行计算，可以将数据分成多个小任务并行处理，从而加速数据处理过程。

3. 缓存技术支持

缓存技术是提高数据读取速度的重要手段之一。通过缓存技术，可以将常用数据缓存到高速存储介质中，如内存或固态硬盘，以减少数据访问延迟。缓存技术可以根据数据的访问频率和重要性动态调整缓存策略，从而最大限度地提高数据的读取速度，并提高系统的响应性能。

（三）数据备份和恢复

生物数据备份和恢复是保障数据安全的重要措施，需要建立可靠的备份系统。因此，生物数据存储系统需要具备以下特点：

1. 定期备份

定期备份是保障数据安全的基础。生物数据存储系统应该定期对数据进行备份，以确保数据的安全性和完整性。备份频率可以根据数据的重要性和更新频率进行调整，对于频繁更新的数据，可以采用更频繁的备份策略，以确保备份数据的及时性和有效性。同时，备份数据应该存储在可靠的介质上，如磁带库或云存储服务，以防止备份介质的损坏或丢失。

2. 容灾备份

容灾备份是保障数据安全的重要手段之一。将备份数据存储在不同的地理位置或数据中心，可以防止因自然灾害或人为事故等导致的数据丢失。采用容灾备份策略可以提高数据的可靠性和安全性，确保即使在灾难事件发生时，数据仍然可以得到有效保护。同时，容灾备份还可以实现数据的异地存储，以满足法律法规对数据备份和存储的要求。

3.快速恢复

建立快速、可靠的数据恢复机制对于保障数据安全至关重要。在数据丢失或损坏的情况下，及时恢复数据可以最大程度地减少数据损失和业务中断。为了实现快速恢复，可以采用增量备份和差异备份技术，将备份数据与原始数据进行比较，只恢复发生变化的部分数据，从而减少数据恢复时间。此外，还可以采取多备份点和多版本备份策略，以提供更灵活、更可靠的数据恢复选项。

二、生物数据管理系统的设计与实现

（一）数据存储架构

在生物数据管理系统的设计中，采用合适的数据存储架构至关重要。分布式存储架构是一种常见的选择，它可以实现数据的可扩展性和高可靠性。具体而言，可以采用以下策略：

1.分布式文件系统（DFS）

分布式文件系统是分布式存储架构的核心组成部分，它允许将大规模的数据分布式存储在多个节点上，并提供统一的文件访问接口。常见的分布式文件系统包括 Hadoop 分布式文件系统（HDFS）和 Amazon Simple Storage Service（Amazon S3）。这些分布式文件系统具有高容错性和可靠性，能够处理海量的生物数据，并提供高性能的数据访问和传输。

2.数据分片和副本

为了提高系统的可靠性和容错性，数据存储架构通常会将数据分片存储在不同的节点上，并创建数据副本以实现数据的冗余备份。数据分片技术可以将大规模的数据集分割成多个较小的数据块，分别存储在不同的节点上，从而提高系统的数据并行处理能力和负载均衡性。同时，通过创建数据副本，可以在数据节点之间实现数据的备份和复制，以防止因节点故障或数据损坏导致的数据丢失。

3.元数据管理

元数据是描述数据的数据，它包含了数据的属性、位置、权限等重要信息。

在数据存储架构中，需要设计并维护元数据存储，用于记录和管理数据的元信息。块数据管理系统可以记录数据的基本属性，如文件大小、创建时间、所有者等，以及数据的存储位置、访问权限等信息。通过有效地管理元数据，可以提高数据的可管理性和可发现性，帮助用户更加高效地管理和利用生物数据资源。

（二）数据管理工具

1. 数据上传工具

数据上传工具是生物数据管理系统中至关重要的组成部分，其功能不仅仅是简单地将数据上传至系统中，更重要的是提供了批量上传和断点续传等功能，以确保数据上传的高效性和稳定性。

（1）批量上传功能

批量上传功能允许用户一次性上传多个数据文件，极大地提高了数据上传的效率。对于生物学研究者而言，在研究过程中通常会产生大量的数据文件，如基因组测序数据、蛋白质结构数据等，通过批量上传功能，用户可以轻松地将这些数据批量导入系统中，无须逐个文件进行上传，极大地节省了时间和精力。

（2）断点续传功能

在数据上传过程中，由于网络环境不稳定或其他原因，可能会导致上传中断。断点续传功能可以记录上传进度，并在上传中断后，用户重新上传时从中断处继续传输，而不需要重新开始上传整个文件。这一功能保证了数据上传的连续性和完整性，尤其对于大型数据文件而言，避免了因中断而导致的数据丢失或重复上传的问题。

2. 数据存储管理工具

数据存储管理工具是生物数据管理系统中的核心模块之一，其提供的数据存储管理界面不仅可以让用户方便地查看已上传的数据，还可以进行数据权限管理和块数据管理，为用户提供了便利的数据管理功能。

（1）数据存储管理界面

数据存储管理界面以直观清晰的方式展示了用户已上传的数据，包括数据文件的名称、大小、上传时间等信息，用户可以通过该界面快速了解自己的数据存储情况，并进行进一步的管理操作。

（2）数据权限管理

数据权限管理功能允许用户对上传的数据进行权限设置，包括对数据的读取、写入、修改和删除等操作的权限控制。不同用户可能具有不同的权限需求，通过数据权限管理功能，管理员可以灵活地设置数据的访问权限，保障数据的安全性和隐私性。

（3）元数据管理

元数据是描述数据的数据，包括数据的属性、来源、采集时间等信息。元数据管理功能允许用户对数据的元数据进行管理，包括添加、编辑和删除元数据，以及对元数据进行检索和查询。通过良好的元数据管理，用户可以更加方便地对数据进行分类、组织和检索，提高数据的可发现性和可用性。

3. 数据检索工具

数据检索工具是生物数据管理系统中的重要组成部分，其提供的灵活的数据检索功能可以帮助用户快速定位所需的数据，提高了数据的利用效率和价值。

（1）灵活的数据检索功能

数据检索工具提供了多种灵活的检索方式，包括按关键词、属性、时间等条件进行检索，用户可以根据自己的需求选择合适的检索方式，快速定位所需的数据。例如，用户可以通过输入关键词来检索与特定主题相关的数据，或者通过指定属性和时间范围来筛选符合条件的数据，满足不同用户的个性化检索需求。

（2）快速定位所需数据

数据检索工具具有快速定位数据的功能，通过优化的检索算法和索引机制，可以在海量数据中快速定位用户所需的数据，提高了数据检索的效率和响应速度。无论是小规模的数据集还是大规模的数据仓库，用户都可以快速找到所需的数据，从而加快了科研工作的进展和效率。

（3）支持高级检索功能

除了基本的检索功能外，数据检索工具还支持高级检索功能，如组合检索、范围检索等。用户可以通过组合多个检索条件来精确地筛选出符合要求的数据，或者通过指定时间范围或数值范围来检索特定时间段或数值范围内的数据。数据检索工具能够满足更加复杂和精细化的用户检索需求，为用户提供了更加强大和灵活的数据检索功能。

（三）数据安全机制

1.访问权限控制

数据安全的核心之一是建立有效的访问权限控制机制，以确保只有特定的用户能够访问到相应的数据资源。这一机制需要细致而灵活地管理数据的访问权限，以适应不同用户角色和需求的变化。

（1）精细化权限管理

精细化权限管理是指根据用户的角色和需求对数据的访问权限进行细致划分和管理。通过将用户分为不同的角色或组，系统管理员可以为每个角色或组分配特定的权限，包括读取、写入、修改和删除等操作权限，从而确保用户只能访问到其需要的数据，提高数据的安全性和可控性。

（2）动态权限调整

随着用户角色和需求的变化，数据的访问权限也需要及时调整和更新。动态权限调整功能可以根据用户的实际操作情况自动调整用户的权限，以确保权限的及时性和准确性。例如，当用户升级或降级时，系统可以自动调整其相应的权限，确保用户始终具有合适的权限访问数据。

2.数据加密技术

数据加密技术是保障数据安全的重要手段之一，通过对敏感数据进行加密存储和传输，可以有效地保护数据的隐私性和机密性，防止未经授权的访问和窃取。

（1）加密存储

加密存储技术将数据以加密形式存储在数据库或文件系统中，只有能够正确解密的用户才能读取和使用这些数据。该技术采用强大的加密算法和密钥管理机制，确保数据在存储过程中的安全性和完整性，防止数据被非法访问和篡改。

（2）加密传输

在数据传输过程中，尤其是在网络环境下，数据容易受到窃取和篡改的威胁。加密传输技术可以对数据进行加密处理，在数据传输的过程中保持数据的机密性和完整性，防止数据被窃取或篡改。常见的加密传输技术包括SSL/TLS

协议等，通过加密通道来保护数据的传输安全。

　　3.身份认证和授权

　　身份认证和授权是确保数据安全的另一个重要环节，通过对用户身份进行认证，并根据其权限对其进行授权，可以有效地防止未经授权的用户访问和操作数据，保障数据的安全性和完整性。

　　（1）用户身份认证

　　用户身份认证是验证用户身份的过程，确保用户是合法的系统用户。常见的身份认证方式包括用户名密码认证、双因素认证等，通过这些认证方式可以有效地防止非法用户的访问和操作。

　　（2）访问授权管理

　　访问授权管理是系统管理员根据用户的身份和权限对其进行授权，确保用户只能访问与其权限相匹配的数据资源。系统管理员可以根据用户的角色和需求，分配相应的访问权限，包括读取、写入、修改和删除等操作的权限，从而实现对数据访问的精确控制。

第三节　数据隐私和伦理考虑

一、生物数据隐私保护的原则和方法

（一）匿名化和去标识化

匿名化和去标识化是保护生物数据隐私的重要原则之一，通过对个体身份信息的处理，可以使数据不再与特定个体直接相关，从而保护个体的隐私。

　　1.匿名化处理

　　匿名化处理是将个体身份信息替换为无法直接或间接识别的信息，以实现对个体隐私的保护。常见的匿名化方法包括将个体身份信息进行脱敏处理，如将姓名、身份证号码等直接识别个体身份的信息替换为随机生成的标识符或编码。通过匿名化处理，可以防止数据被直接关联到特定个体，从而保护了个体的隐私。

2. 去标识化处理

去标识化处理是对个体身份信息进行处理，使得数据中的身份标识无法被直接识别，但保留数据中的其他信息。与匿名化不同，去标识化处理并不是将身份信息完全替换为随机标识符，而是通过删除或模糊身份信息的方式，使得数据中的个体身份不再直观可见。去标识化处理可以在一定程度上保护个体的隐私，同时又保证了数据的可用性和价值。

（二）访问权限控制

建立严格的数据访问权限控制机制是保护生物数据隐私的关键措施之一，通过限制数据的访问范围，确保只有经过授权的用户才能访问到相应的数据资源，从而保护了数据的安全性和隐私性。

1. 角色基础的访问控制

角色基础的访问控制是根据用户的角色和权限对其进行访问控制的一种方法。通过将用户分为不同的角色或组，并为每个角色或组分配特定的访问权限，可以实现对数据的细粒度控制，确保用户只能访问到其需要的数据资源，防止未经授权的访问和数据泄露。

2. 访问审计

访问审计是对数据访问行为进行监控和记录的过程，通过记录用户对数据的访问行为和操作记录，可以及时发现异常访问行为，并采取相应的措施进行处理。访问审计不仅可以帮助发现潜在的安全风险，还可以提高数据管理的透明度和可追溯性，增强了数据访问权限控制的有效性和可靠性。

（三）数据加密

数据加密技术是保护生物数据隐私的重要手段之一，通过对数据的加密处理，可以有效保护数据在传输和存储过程中的安全性，防止数据被未经授权的用户访问和窃取。

1. 传输加密

传输加密是指在数据传输过程中对数据进行加密处理，以保护数据在传输过程中的机密性和完整性。常见的传输加密技术包括 SSL/TLS 协议等，通过建立加密通道来确保数据在传输过程中不会被窃听或篡改，保护了数据的传输安全。

2. 存储加密

存储加密是指在数据存储过程中对数据进行加密处理，以保证数据在存储介质上的安全性。采用存储加密技术，可以将数据以加密形式存储在数据库或文件系统中，只有能够正确解密的用户才能读取和使用这些数据，有效地防止了数据在存储过程中被非法访问和窃取。

二、生物数据使用中的伦理道德问题和解决方案

（一）知情同意

知情同意是生物数据使用中的基本伦理原则之一，其核心在于确保研究对象在参与数据采集和使用过程中充分了解研究目的、方法、可能的风险和利益、权力和责任，并自愿同意参与。

1. 知情同意的内容

知情同意作为生物数据使用中的基本伦理原则之一，其内容应当充分覆盖研究的各个方面，以确保研究对象对参与研究的全部过程有清晰的了解和认知。具体内容包括：

（1）研究目的

研究者应当向研究对象清晰地说明研究的目的和意义，让其了解参与研究的意义和价值所在。

（2）研究过程

研究者应当向研究对象详细描述研究的过程，包括数据采集的方法、时间、地点等，让其了解参与研究的具体过程。

（3）可能的风险和利益

研究者应当向研究对象说明参与研究可能存在的风险和利益，让其能够充分评估参与研究的风险和收益。

（4）权利和责任

研究者应当向研究对象说明其在研究中的权利和责任，包括自愿参与、随时撤回同意等权利，以及配合研究者的责任等。

2. 知情同意的形式

知情同意可以采用口头或书面形式，但在涉及敏感信息或风险较高的研究中，书面知情同意往往更为常见。

（1）书面知情同意

研究者应当向研究对象提供书面知情同意书，详细说明研究的内容、目的、过程、可能的风险和利益，以及研究对象的权利和责任等内容。研究对象在充分阅读并理解知情同意书后，可以在同意书上签字表示同意参与研究。

（2）口头知情同意

在一些简单的研究中，可以采用口头知情同意的方式进行。研究者应当向研究对象口头说明研究的内容、目的、过程、可能的风险和利益，以及研究对象的权利和责任等内容，并确保研究对象理解并同意参与研究。

3. 知情同意的特殊情况

在涉及弱势群体个体时，知情同意的要求可能会有所不同。具体情况包括：

（1）儿童

对于儿童，研究者应当向其监护人提供知情同意书，并确保其能够理解研究内容并同意被监护人参与。

（2）残疾人士与老年人

对于如残疾人士、老年人等，研究者应当特别关注其权益保护，确保其能够理解研究内容并自愿参与。

（3）患有认知障碍的个体

对于患有认知障碍的个体，研究者应当采取特殊的知情同意程序，确保其能够理解研究内容并自愿参与，或者征得其监护人的同意。

（二）数据安全和隐私

数据安全和隐私是生物数据使用过程中需要重点关注的伦理问题之一，其核心在于保护数据的安全性和隐私性，防止数据被滥用或泄露。以下是关于数据安全和隐私的具体内容：

1. 数据安全措施

随着生物数据的大规模采集、存储和共享，数据安全问题变得尤为突出和重要。研究者在处理生物数据时，必须采取必要的技术和管理措施，以确保数据在采集、存储、传输和处理过程中的安全性。本文将从加密技术、访问控制和安全审计等方面，探讨生物数据安全措施的具体实施和深层次含义。

（1）加密技术的应用

在数据传输过程中，采用传输层加密协议（如 SSL/TLS）可以有效防止数据在传输过程中被窃听和篡改。而在数据存储过程中，对数据进行加密存储，则可以防止未经授权的访问者获取数据的原始内容。对于敏感数据，采用强加密算法（如 AES）进行加密处理，同时合理管理密钥，确保密钥的安全性和可控性，对数据进行加密保护。

（2）访问控制的建立

通过建立严格的访问控制机制，可以限制数据的访问范围，确保只有经过授权的用户才能够访问到相应的数据资源。在实际操作中，可以采用基于角色的访问控制（RBAC）模型，将用户分为不同的角色或组，并为每个角色或组分配特定的访问权限。此外，还可以采用访问控制列表（ACL）等技术，对数据的访问进行细粒度控制，根据用户的身份、权限和需求，精确地管理数据的访问权限。

（3）安全审计的实施

通过对数据访问行为进行监控和记录，可以及时发现异常访问行为，并采取相应的措施加以处理。安全审计应当覆盖数据的采集、存储、传输和处理等各个环节，确保数据的安全性和完整性。同时，研究者应当建立完善的安全审计机制，包括日志记录、事件警报、审计分析等功能，及时发现并应对可能存在的安全风险，保障生物数据的安全。

2. 隐私保护措施

（1）匿名化处理的重要性与方法

匿名化处理是保护研究对象隐私的常用手段之一，其核心在于将个体身份信息替换为无法直接或间接识别的信息，从而减少个体隐私泄露的风险。在实际操作中，可以采用多种匿名化方法，如将个体身份信息进行脱敏处理，将姓名、身份证号码等直接识别个体身份的信息替换为随机生成的标识符或编码。同时，还可以采用数据聚合或数据扰动等技术，将个体数据与其他数据混合在一起，使得个体身份不易被识别。

（2）去标识化处理的实施与限制

去标识化处理是另一种保护隐私的重要手段，其核心在于删除或模糊数据中的身份标识，使得个体身份不再直观可见。在实施去标识化处理时，研究者应当根据具体情况，合理选择删除或模糊身份信息的方式，确保数据中的个体身份不会被轻易识别。然而，需要注意的是，去标识化处理并不能完全消除数据泄露的风险，因此在实际操作中仍需谨慎对待。

（3）法律法规和伦理准则的遵守

除了技术手段外，研究者还应当遵守相关的法律法规和伦理准则，严格控制数据的使用范围，并明确告知研究对象数据的使用目的和方式。在生物医学研究中，数据的使用通常需要经过伦理审查委员会的审查和批准，以确保研究过程符合伦理要求和法律规定。此外，研究者还应当制定数据管理方案和隐私保护政策，明确规定数据的收集、存储、使用和共享规则，保护研究对象的隐私权和数据安全。

3. 风险评估和管理

在数据使用过程中，研究者应当对可能的风险进行评估和管理，并采取相应的措施加以控制，这包括评估数据使用可能带来的潜在伦理和社会风险。研究者需要制定相应的风险管理策略，保证研究的合法性和道德性。

（三）公平性和公正性

公平性和公正性是生物数据使用过程中需要重视的伦理原则之一，其核心在于确保数据的使用符合公平和公正原则，不偏袒某些群体或利益相关者。

1. 数据使用的公平原则

数据使用的公平原则是保障生物数据使用过程中公平性和公正性的基本要求之一。管理者应当确保数据的获取、分配和利用不偏袒某些群体或利益相关者，而是基于科学和道德的考量。这一原则的具体实践包括：

（1）平等获取机会

管理者应当确保所有合法的研究者都有平等地获取数据的机会，不因其身份、地域或其他因素而受到不公平待遇。这意味着数据应当向所有符合条件的研究者开放，而不应当设置过多的获取障碍。

（2）公平分配资源

在数据资源有限的情况下，管理者应当采取公平的分配原则，确保资源分配的公正性和合理性。比如设定透明的分配标准和程序，以及对资源使用情况进行监督和评估，避免资源的集中或滥用。

（3）公正利用数据

研究者在利用数据时应当遵循公正的原则，不得将数据用于不当用途或违反伦理规范的活动。数据应当被用于促进科学研究、知识进步和增进社会福祉等正当目的，而不应当被滥用或用于违法活动。

2. 透明和公开原则

透明和公开原则是保障数据使用过程公正性和可信度的关键要素之一。研究者应当保证数据使用的透明和公开，向社会公众和利益相关者提供充分的信息，包括数据的来源、采集方法、使用目的和结果等内容。具体实践包括：

（1）信息公开

研究者应当及时向社会公众和利益相关者公开数据使用过程中的关键信息，包括数据的采集过程、处理方法、研究目的和结果等。这有助于提高数据使用的透明度和可信度，提升社会公众对研究的信任度。

（2）透明决策过程

研究者在进行数据使用决策时应当保持决策过程的透明，确保决策的公正性和合理性。这可能涉及公开决策的依据、原因和结果，向利益相关者提供参与和监督的机会，避免不公正的决策和行为。

（3）回馈社会

研究者应当向社会公众回馈研究成果和数据使用情况，及时分享研究的进展和成果，回应社会公众的关切和需求。这有助于建立科研与社会之间的互信关系，提升数据使用过程的公正性和可信度。

3. 共享原则

共享原则是促进科学研究进展和创新，增强数据使用过程的公平性和公正性的重要手段之一。研究者应当倡导数据共享的原则，鼓励研究者之间共享数据资源，并遵循公平、公正和合理的原则进行数据共享。具体实践包括：

（1）数据共享政策

研究机构和组织应当制定数据共享政策和规范，明确规定数据共享的原则、条件和流程，促进研究者之间的数据共享和合作。这有助于优化数据资源的利用效率，推动科学研究的进展和创新。

（2）共享平台建设

研究机构和组织可以建立数据共享平台，为研究者提供数据共享和交流的平台和渠道。通过共享平台，研究者可以方便地获取和共享数据资源，从而促进科学研究的合作和交流。

（3）鼓励合作共享

研究机构和组织可以通过奖励制度、激励政策等方式鼓励研究者之间的合作和共享。这有助于建立良好的科研合作氛围，推动科学研究的合作和共享。

第三章　生物数据预处理

第一节　数据清洗和质量控制

一、生物数据清洗的目的和方法

（一）去除噪声和异常值

噪声和异常值在生物数据中常常存在，可能是由于实验误差、设备故障或数据采集过程中的其他干扰因素引起的。去除这些噪声和异常值的目的在于提高数据的准确性和可靠性，减少其对后续分析的干扰。在实践中，可以采用以下方法进行处理：

1. 数据平滑

数据平滑是一种常见的去除噪声的方法，其原理是通过对数据进行某种平均化处理，减少随机噪声的影响，从而提取出数据的趋势和规律。以下是常用的数据平滑技术：

（1）移动平均法

将数据分成若干个窗口，每个窗口内的数据取平均值作为平滑后的数据点，常用于时间序列数据的平滑处理。

（2）中值滤波法

将数据序列中的每个数据点替换为其相邻数据点的中值，适用于对非常态噪声进行平滑处理。

在生物数据分析中，数据平滑常被用于基因表达数据、蛋白质结构数据等领域，以减少实验误差或仪器噪声对结果的影响，从而更准确地分析生物过程和机制。

2. 异常值检测

异常值是指与大多数数据明显不同的数据点，可能是由于测量误差、记录错误或生物系统中的突发事件引起的。为了确保数据分析的准确性和可靠性，需要对异常值进行检测和处理。以下是常用的异常值检测方法：

（1）基于统计学的方法

如 z-score 方法，通过计算数据点与均值的偏差来识别异常值，通常将超过一定阈值的数据点视为异常值。

（2）基于机器学习的方法

如 Isolation Forest、Local Outlier Factor 等，利用数据的特征和分布信息来识别异常值，适用于复杂数据集的异常检测。

（二）处理缺失值

缺失值是生物数据中常见的问题之一，可能是由于实验失败、技术限制或数据记录错误导致的。处理缺失值的目的在于保证数据的完整性和可用性，常见的处理方法包括：

1. 删除缺失值

在处理缺失值时，最简单直接的方法是删除缺失值所在的样本或特征。这种方法适用于缺失值较少的情况，且缺失值的分布是随机的。通过删除缺失值，可以确保数据集的完整性，但也可能导致信息的丢失和样本量的减少。在决定是否删除缺失值时，需要权衡信息丢失和数据可用性之间的平衡。

2. 插值填充

插值填充是一种常见的缺失值处理方法，它利用已有数据的特征进行推断来填补缺失值。线性插值和多项式插值是两种常用的插值方法。线性插值假设数据之间的关系是线性的，通过已知数据点之间的直线来估计缺失值；而多项式插值则利用已知数据点之间的多项式函数来逼近缺失值。这些方法在一定条件下可以有效地填充缺失值，但对于数据分布不均匀或者缺失值较多的情况效果可能不佳。

3. 模型预测

模型预测是一种更加复杂但也更加灵活的缺失值处理方法。通过训练机器学习模型（如随机森林、K 最近邻等）来预测缺失值，并将预测值作为填充值。

这种方法能够利用数据之间的复杂关系来进行填充，适用于各种类型的数据集和缺失值分布情况。然而，模型预测需要较长的训练时间和计算资源，并且对模型的选择和参数调整有一定要求。

（三）解决重复数据

重复数据可能会导致数据集的冗余性，增加计算负担并降低数据分析的效率。因此，解决重复数据是生物数据清洗中的另一个重要任务。常见的处理方法包括：

1. 基于唯一标识符的去重

基于唯一标识符的去重是一种常见而有效的重复数据处理方法。在生物数据中，每个样本或实体通常都有唯一的标识符，如样本 ID、基因 ID 等。通过识别并比较这些唯一标识符，可以轻松地识别和删除重复出现的记录。这种方法简单直观，适用于数据集中存在明确的唯一标识符的情况。

2. 基于特征的去重

基于特征的去重是另一种常见的重复数据处理方法，它根据数据的特征进行去重，保留唯一的数据记录。在生物数据分析中，可以根据数据的各种特征，如基因表达水平、蛋白质序列等，来识别和删除重复的数据记录。这种方法能够更灵活地处理各种类型的数据，但需要注意确保选取的特征能够准确地区分不同的数据记录。

3. 利用哈希函数进行去重

利用哈希函数进行去重是一种高效的重复数据处理方法。哈希函数可以将数据记录映射到固定长度的哈希值，不同的数据记录通常会产生不同的哈希值，因此可以通过比较哈希值来识别和删除重复的数据记录。这种方法适用于大规模数据集的处理，能够快速高效地去除重复数据。

二、生物数据质量控制的标准和技术

（一）质量标准制定

1. 数据准确性

数据准确性是衡量生物数据质量的重要指标，因为它直接影响研究结果的可信度和科学推论的正确性。在生物学研究中，数据准确性要求数据结果能够真实反映样本或实验的情况，不受偏差或误差的影响。为了确保数据准确性，研究人员需要采取一系列措施，包括：

①校验实验设计和操作步骤，确保其符合科学标准和方法。

②使用高质量的实验材料和试剂，避免外部因素对实验结果的影响。

③建立严格的数据记录和管理制度，确保数据采集过程的准确性和可追溯性。

④进行数据验证和交叉验证，通过重复实验或采用不同技术手段来确保数据的准确性。

⑤进行数据审查和质量控制，及时发现和纠正数据错误或异常。

通过以上措施，可以有效地提高数据准确性，确保研究结果的可信度和科学价值。

2. 数据完整性

数据完整性是指数据集包含的信息量和数据项的完整程度。在生物数据研究中，完整性要求所有样本或实验数据都能够被完整地收集和记录，不缺失重要信息。数据完整性的保障对于生物学研究至关重要，因为缺失的数据可能会导致结果的偏差和结论的错误。为了确保数据完整性，研究人员应该：

①明确数据收集的范围和内容，确保覆盖所有必要的信息和变量。

②建立严格的数据收集和录入规范，确保数据记录的完整性和准确性。

③定期进行数据审核和检查，及时发现和纠正数据缺失或错误。

④使用数据合并和整合技术，确保不同数据源之间的信息互补和完整性。

⑤建立数据备份和恢复机制，防止数据丢失或损坏对研究造成影响。

通过以上方法，可以有效地保障生物数据的完整性，确保研究结果的可靠性和科学性。

3. 数据一致性

数据一致性是确保数据在不同来源或不同时间点下保持一致的重要指标，能够对数据进行有效地比较和分析。在生物数据研究中，一致性体现为同一样本或实验在不同数据集中的数据应该是相互匹配和一致的。为了确保数据一致性，研究人员应该：

①统一数据命名和格式，确保数据的统一标准和规范。

②建立数据标识和索引体系，确保数据的唯一性和标识性。

③建立数据更新和维护机制，及时更新和修正数据，保持数据的最新和一致性。

④使用数据校验和验证工具，检查数据的一致性和匹配性。

⑤进行数据交叉验证和比对，确保不同数据源之间的一致性和可靠性。

通过以上方法，可以有效地确保生物数据的一致性，为数据分析和科学研究提供可靠的基础和支持。

（二）数据质量评估

1.描述统计分析

描述统计分析是评估数据质量的常用方法之一，通过计算数据的均值、标准差、分布等统计量来描述数据的特征和质量。在生物数据分析中，描述统计分析可以帮助研究人员了解数据的基本情况，包括数据的集中趋势、离散程度和分布形态等。例如，通过计算基因表达数据的平均值和标准差，可以评估数据的稳定性和一致性；通过绘制柱状图或饼图来展示分类数据的分布情况，可以直观地了解数据的结构和组成。描述统计分析为后续的数据处理和分析提供了基本的参考和依据。

2.数据可视化

数据可视化是发现数据质量问题的重要工具，通过绘制图表、散点图、箱线图等可视化方式来直观地展示数据的分布和规律，帮助识别异常值和缺失值。在生物数据分析中，数据可视化可以帮助研究人员从整体和局部两个层面来观察数据的特征和变化。例如，绘制基因表达热图可以展示基因在不同样本中的表达模式和聚类情况；绘制蛋白质结构的三维图像可以观察蛋白质的空间构型和功能域。数据可视化可以帮助研究人员发现数据中的异常情况和规律性，从而更好地理解数据并进行进一步的分析。

3.异常检测

异常检测是识别和发现数据中异常值或异常模式的方法，通过统计学和机器学习算法来检测数据中的异常情况，帮助发现数据质量问题。在生物数据分析中，异常检测可以帮助研究人员发现数据中的异常样本、异常基因或异常表达模式，从而识别潜在的数据质量问题。例如，利用聚类分析或离群点检测算法可以发现基因表达数据中的异常样本或基因群；利用模式识别技术可以发现蛋白质序列中的异常结构或功能域。异常检测可以帮助研究人员及时发现和解决数据质量问题，确保数据分析结果的可靠性和准确性。

（三）质量控制技术

1. 数据清洗软件

（1）数据清洗平台

数据清洗平台是一种集成了多种数据清洗功能的软件系统，能够提供数据导入、清洗、转换和导出等一系列数据处理功能。例如，OpenRefine 和 Trifacta Wrangler 等数据清洗平台能够通过交互式的用户界面，帮助用户快速地识别和修复数据质量问题。

（2）数据清洗工具

数据清洗工具是专门针对数据质量问题设计的软件工具，包括数据去重、缺失值填充、数据格式转换等功能。常见的数据清洗工具包括 Python 的 Pandas 库、R 语言的 tidyverse 包等，它们提供了丰富的数据处理函数和方法，能够满足各种数据清洗需求。

（3）数据清洗算法

数据清洗算法是处理数据质量问题的关键技术，包括数据校正、异常检测和数据修复等功能。常见的数据清洗算法包括基于统计学方法的异常值检测、基于机器学习的模型预测、基于规则的数据校验等，它们能够根据数据的特点和问题类型提供有效的解决方案。

2. 质量控制工具

（1）数据校验工具

数据校验工具是用于检查数据质量的软件工具，能够根据预设的规则和约束条件来检查数据的正确性和完整性。常见的数据校验工具包括 SQL 的约束条件、Python 的 assert 语句等，它们能够在数据处理过程中及时发现数据质量问题并提供相应的提示。

（2）数据验证工具

数据验证工具是用于验证数据准确性和一致性的软件工具，能够通过比对和验证数据的来源和格式来确保数据的可信度和一致性。常见的数据验证工具包括数字签名、哈希校验等，它们能够有效地防止数据被篡改。

（3）数据审查工具

数据审查工具是用于审查数据质量的软件工具，能够提供数据的可视化和报告功能，帮助用户全面地了解数据的质量和特征。常见的数据审查工具包括数据仪表板、报表生成器等，它们能够帮助用户快速地发现数据质量问题并采取相应的措施进行处理。

3. 算法技术

（1）数据校正算法

数据校正算法是一种用于纠正数据质量问题的算法技术，能够通过数学模型和规则引擎来识别和修复数据中的错误和异常。常见的数据校正算法包括拼写检查、逻辑校验、模式匹配等，它们能够自动识别和修复数据质量问题。

（2）异常检测算法

异常检测算法是一种用于发现数据中的异常值或异常模式的算法技术，能够通过统计学和机器学习方法识别和分析数据中的异常情况。常见的异常检测算法包括离群点检测、聚类分析、异常规则挖掘等，它们能够帮助用户发现隐藏在数据中的异常情况。

（3）数据修复算法

数据修复算法是一种用于修复数据质量问题的算法技术，能够通过插值、插补、回归等方法填充缺失值、纠正错误值和平滑数据等。常见的数据修复算法包括线性插值、多项式插值、K近邻插值等，它们能够有效地提高数据的完整性和准确性。

第二节　数据归一化和标准化

一、生物数据归一化和标准化的概念和方法

（一）归一化

1. 归一化的概念

归一化是生物数据分析中常用的数据预处理技术，其目的在于将具有不同量纲或尺度的数据转换为统一的范围或分布，以消除数据之间的量纲差异，使

得不同变量具有可比性。在生物学领域，研究人员常常需要处理不同来源的数据，这些数据往往具有不同的度量单位或尺度，如基因表达量、蛋白质浓度、细胞数量等，因此需要进行归一化处理以保证数据的可比性和分析的准确性。

归一化的核心思想是将数据映射到一个统一的范围内，使得数据的分布更加均匀，便于进行后续的统计分析、建模和预测。常见的归一化方法包括最小—最大归一化和 z-score 归一化。最小—最大归一化将原始数据线性地映射到一个指定的范围，通常是 [0, 1] 或 [-1, 1]，其计算公式如下：

$$x_{norm} = \frac{x - \min(x)}{\max(x) - \min(x)}$$

其中，x 是原始数据，x_{norm} 是归一化后的数据。通过最小—最大归一化，可以保证所有数据都落在同一范围内，消除了不同变量之间的量纲差异。

另一种常见的归一化方法是 z-score 归一化，也称为标准化。该方法将原始数据转换为均值为 0、标准差为 1 的标准正态分布，其计算公式如下：

$$x_{norm} = \frac{x - \mu}{\sigma}$$

其中，x 是原始数据，μ 是原始数据的均值，σ 是原始数据的标准差。通过 z-score 归一化，可以使得数据围绕着均值对称分布，便于进行统计分析和模型建立。

在生物数据分析中，归一化不仅能够消除不同变量之间的量纲差异，还有助于提高模型的收敛速度和准确性。在构建生物数据分析模型时，数据的尺度和范围往往会影响模型的学习和优化过程，可能导致模型的不稳定性和收敛困难。通过归一化处理，可以将所有变量转换为相同的尺度，减少了模型的优化难度，提高了模型的训练效率和准确性。

2. 常用的归一化方法

（1）最小—最大归一化（Min-Max Normalization）

①概念。最小—最大归一化是将原始数据线性地映射到一个指定的范围内，通常是 [0, 1] 或 [-1, 1]。该方法通过线性变换的方式将原始数据的取值范围映射到指定的区间内，使得所有数据都落在同一范围内。

②方法。设原始数据为 x，最小值为 $\min(x)$，最大值为 $\max(x)$，则最小—最大归一化的计算公式为：

$$x_{norm} = \frac{x - \min(x)}{\max(x) - \min(x)}$$

其中，x_{norm} 是归一化后的数据。

③应用。最小—最大归一化常用于要求数据落在一定范围内的场景，例如，图像处理中的像素值归一化、神经网络中的输入数据归一化等。在生物数据分析中，最小—最大归一化可以帮助消除不同变量之间的量纲差异，使得不同变量具有可比性，有助于数据的比较和分析。

（2）z-score 归一化（Z-score Normalization）

①概念。z-score 归一化，也称为标准化，是将原始数据转换为均值为 0、标准差为 1 的标准正态分布，使得数据围绕着均值对称分布。该方法通过将原始数据减去均值，再除以标准差的方式进行变换，使得数据分布更加接近于正态分布。

②方法。设原始数据为 x，均值为 μ，标准差为 σ，则 z-score 归一化的计算公式为：

$$x_{norm} = \frac{x - \mu}{\sigma}$$

③应用。z-score 归一化常用于要求数据呈现正态分布的场景，例如，统计分析中的数据标准化、机器学习中的特征缩放等。在生物数据分析中，z-score 归一化可以消除不同变量之间的量纲差异，使得数据更具有可比性和稳定性，有助于模型的建立和分析结果的解释。

（二）标准化

1. 标准化概念分析

标准化是生物数据分析中常用的数据预处理技术之一，其核心思想是将原始数据转换为均值为 0、标准差为 1 的标准正态分布，使得数据具有相似的分布特征，方便比较和分析不同变量之间的关系。在生物学领域，研究人员常常需要处理不同来源的数据，这些数据往往具有不同的尺度和分布特征，因此需要进行标准化处理以保证数据的可比性和分析的准确性。

2. 标准化的方法

标准化通常使用 z-score 标准化方法，也称为零均值标准化。该方法通过对原始数据进行减去均值再除以标准差的运算，将原始数据转换为均值为 0、标准差为 1 的标准正态分布。具体而言，设原始数据为 x，均值为 μ，标准差为 σ，则 z-score 标准化的计算公式为：

$$x_{\mathrm{norm}} = \frac{x - \mu}{\sigma}$$

二、归一化和标准化在生物数据分析中的应用

（一）数据比较和分析

1. 数据比较和分析的重要性

（1）数据比较和分析的关键作用

在生物数据分析中，数据比较和分析扮演着至关重要的角色，它们是研究生物系统、揭示生物学规律以及推动科学进步的关键步骤之一。通过数据比较和分析，研究人员可以深入了解生物数据的特征和规律，从而更全面地理解生物系统的运作机制和变化趋势。

（2）生物数据的复杂性与差异性

生物数据的复杂性和差异性是生物数据分析面临的挑战之一。在生物学研究中，不同样本或实验之间往往存在着多种类型的不同，这些差异可能源自实验条件的不同（如温度、湿度、pH值等）、样本来源的不同（如不同组织、不同种群等）、测量方法的不同（如测序技术、质谱技术等）等多个方面。这些差异会导致生物数据呈现出复杂多样的特征，使得数据分析变得复杂而困难。

（3）数据比较和分析的价值

数据比较和分析的价值在于帮助研究人员深入理解生物数据的特征和规律，从而揭示生物系统的运作机制和变化趋势。通过比较不同样本或实验之间的数据，可以发现它们之间的差异和相似之处，探索这些差异的来源和影响。同时，数据比较和分析还可以帮助研究人员识别出生物数据中的重要特征和关键因素，为后续的生物学研究提供重要线索和方向。此外，数据比较和分析还可以帮助研究人员验证假设、检验理论，并做出科学合理的推断和结论，推动生物学研究的进步和发展。

（4）应用案例

举例来说，在基因表达数据的分析中，研究人员常常需要比较不同样本或实验之间基因的表达水平，以揭示基因在生物过程中的功能和调控机制。通过比较不同样本或实验之间的基因表达数据，可以发现不同基因之间的表达模式和调控关系，从而深入理解基因在生物过程中的作用和调控机制。这些发现对于理解生物系统的功能和变化机制具有重要意义，有助于研究人员在疾病诊断、

药物开发、农业生产等领域取得更好的成果。

2. 归一化和标准化的作用

归一化和标准化是数据预处理中的关键步骤，它们在各个领域的数据分析和建模中扮演着不可或缺的角色。这两种方法的主要目的是消除数据之间的量纲差异，使得不同特征或量纲的数据具有可比性，从而确保数据的公正性和准确性。在生物数据分析领域，归一化和标准化的应用更是至关重要，因为生物数据往往具有高度复杂的结构和多样性，需要经过严格的处理才能揭示其内在规律和生物学意义。

（1）归一化的作用

在生物数据中，不同样本之间往往存在着基因表达量的差异，这可能是由于生物样本来源的不同、实验条件的不同或者技术平台的差异等因素导致的。如果不对这些数据进行归一化处理，那么这些差异可能会掩盖真正的生物学信号，从而影响研究人员对基因表达模式和调控机制的理解。通过归一化处理，研究人员可以将不同样本之间的基因表达量转化为具有相似尺度和范围的值，从而消除了这些差异，使得数据更具可比性。这为研究人员发现基因的表达模式、识别潜在的生物标志物以及理解细胞信号转导等生物学过程提供了重要的基础。

（2）标准化的作用

标准化的主要目的是使得数据具有相似的分布特征，这有助于比较和分析不同变量之间的关系，揭示生物系统的运作规律和变化趋势。在生物数据中，不同基因的表达量往往具有不同的分布特征，有些基因可能表达量较低，而有些基因则表达量较高。如果我们不对这些数据进行标准化处理，那么在进行数据分析和建模时可能会受到某些特征的影响，导致结果出现偏差或失真。通过标准化处理，研究人员可以将不同基因的表达量转化为具有相似分布特征的值，从而消除了这些差异，使得数据更具可比性和可解释性。这为研究人员发现基因间的相互作用、探索生物系统的复杂网络结构以及理解疾病发生和发展的机制提供了重要的支持。

（三）特征选择

1. 特征选择的重要性

生物数据往往以高维度、多样性和复杂性为特点，这些数据涵盖了基因表达、蛋白质互作及代谢物水平等多个层面的信息。在这样的数据背景下，精确地选择适当的特征成为生物数据分析中的关键挑战之一。

（1）特征选择在生物数据分析中的作用

生物学研究往往关注的是生物系统中的关键因素和机制，而并非所有特征都对于研究目标具有同等重要性。通过特征选择，研究人员可以从海量的生物数据中筛选出与所关注生物过程相关的重要特征，降低数据的维度，减少数据中的噪声和冗余信息，提高数据的质量和可解释性。特征选择使研究人员能够更加准确地理解生物系统的结构和功能，揭示生物过程的调控机制，推动生物医学研究的进步和发展。

（2）特征选择可以帮助优化模型性能和提高泛化能力

在建立生物数据分析模型时，过多的特征不仅会增加模型的复杂度，还可能导致模型的过拟合问题，从而影响模型在新数据上的泛化能力。通过特征选择，研究人员可以选择出与研究目标相关的关键特征，降低模型的复杂度，提高模型的泛化能力和稳定性。这使得模型能够更好地适应新的数据，更准确地预测生物过程的变化和发展，为疾病诊断和治疗提供重要的支持。

2. 归一化和标准化在特征选择中的作用

在生物数据分析中，特征的尺度和范围可能会因数据来源、测量方法或技术平台的不同而产生差异，这种差异可能会对特征选择过程产生影响，降低其准确性和可信度。通过归一化和标准化处理，可以将特征转化为具有统一尺度和范围的值，消除这些差异，使得特征选择算法更加客观和准确。

（1）归一化和标准化有助于减少特征选择的评估偏差

归一化和标准化处理可以将不同特征的值转化为具有相似尺度和范围的值，使得特征之间的量纲差异得到消除。这样一来，在进行特征选择时，各个特征的重要性就能够更加准确地被评估和比较，避免了因为尺度不同而导致的评估偏差。例如，在基因表达数据中，不同基因的表达量可能会有数量级的差异，如果不对数据进行归一化或标准化处理，那么在进行特征选择时，可能会偏向于选择表达量较大的基因，而忽略了那些表达量较小但同样重要的基因。通过归一化和标准化处理，研究人员可以确保各个特征都能够得到公正的评估，使得特征选择更加客观和全面。

（2）归一化和标准化有助于提高特征选择算法的稳定性和鲁棒性

特征选择算法往往依赖于数据的分布和范围，而不同特征的量纲差异可能会导致算法的不稳定，甚至影响到算法的收敛性和性能。通过归一化和标准化处理，研究人员可以降低数据的尺度影响，提高特征选择算法的稳定性和鲁棒性。这样一来，在不同数据集或不同环境下，特征选择算法的表现也会更加一致和可靠，提高了特征选择的可重复性和泛化能力。

3. 应用案例

举例来说，在基因表达数据的特征选择过程中，研究人员常常需要从成千上万的基因中筛选出与生物过程相关的关键基因。然而，不同基因的表达量可能具有不同的尺度和范围，这会影响到特征选择的结果。通过归一化处理，可以消除基因表达量的尺度差异，使得所有基因的表达量具有相似的尺度，有利于特征选择算法更准确地评估基因的重要性。这样可以帮助研究人员发现与所关注生物过程相关的重要基因，为后续的生物学研究提供重要线索和方向。

第三节　数据特征选择和降维

一、特征选择的原则和方法

（一）过滤法

过滤法是一种基于特征的统计属性或信息论量度来评估特征重要性的方法。它的主要思想是在特征选择之前，首先对数据进行特征评估和排序，然后再选择排名靠前的特征。常用的过滤法包括：

1. 方差选择

在生物数据分析中，特征的方差反映了该特征在样本中的变化程度，方差较小的特征往往表现出在样本间变化不大的趋势，可能是无关的或者包含了较少的信息。因此，方差选择的核心思想是将方差较小的特征剔除，以减少数据

（二）模型建立

1. 模型建立的重要性

在当代生物医学领域，大规模数据的积累与高通量技术的广泛应用使得研究者面临着海量、复杂的数据信息。通过建立合适的模型，研究人员可以从这些数据中挖掘出有用的信息，并将其转化为对研究生物过程和疾病发展具有指导意义的知识。

（1）模型建立的意义

模型的建立不仅是为了对已有数据进行拟合，更重要的是为了发现数据背后的规律性和潜在关联。在生物学研究中，研究人员常常需要通过模型来预测疾病的发生风险、识别生物标志物、分类生物样本等。这些模型可以基于生物数据的特征，如基因表达、蛋白质互作、代谢物水平等，进行数据处理和分析，从而实现对生物学过程的定量描述和分析。通过模型，研究人员可以揭示生物系统的结构和功能，探索生物过程的调控机制，加深对疾病发生和发展的认识，为个性化医疗和精准治疗提供理论支持和技术指导。

（2）模型建立的关键因素

模型的质量直接影响到分析结果的准确性和可靠性，因此，建立一个稳定、高效且具有良好泛化能力的模型至关重要。在模型建立过程中，研究人员需要考虑多方面因素，包括数据质量、特征选择、模型选择、参数调优等。首先，数据质量是模型建立的基础，只有拥有高质量的数据才能构建出准确可靠的模型。其次，特征选择是模型建立的关键步骤之一，研究人员需要从大量的生物数据中选择出与研究目标相关的特征，以降低模型的复杂度、提高模型的预测能力。此外，模型选择和参数调优也是模型建立过程中不可忽视的环节，研究人员需要通过交叉验证等方法来评估不同模型的性能，并选择最适合的模型和参数组合。

2. 归一化和标准化对模型建立的影响

不同特征之间往往具有不同的尺度和范围，这可能会导致模型的不稳定性和收敛困难，进而影响模型的性能和泛化能力。因此，在进行数据分析和建模时，对数据进行归一化和标准化处理是十分必要的。

（1）归一化和标准化对模型的影响

归一化和标准化可以使得不同特征之间具有相似的尺度和范围，从而有助于模型更好地理解数据的特征和结构。通过归一化处理，我们可以将数据转化为相对于其范围的比例，消除了特征之间的量纲差异，使得模型更加稳定，收敛速度更快。而标准化则可以将数据转化为均值为 0、方差为 1 的标准正态分布，进一步降低数据的尺度影响，提高模型的泛化能力。这样，模型就能更加准确地捕捉到数据中的规律性和潜在关联，避免因特征尺度不同而导致的偏差和误差，提高模型的性能和可靠性。

（2）解决模型的过拟合问题

过拟合是指模型过度地学习了训练数据的特征，导致在新数据上的泛化性能较差。而归一化和标准化可以降低特征之间的相关性，减少模型对特定特征的依赖性，从而有效地防止模型在训练过程中过度拟合训练数据。通过对数据进行归一化和标准化处理，模型能够更加平滑地学习数据的特征，减少模型的复杂度，提高模型的泛化能力，从而降低过拟合的风险。

3.归一化和标准化在模型建立中的应用

（1）稳定性和收敛速度

归一化和标准化可以使得模型的特征具有相似的尺度和范围，从而减少特征之间的差异，使得模型的训练过程更加稳定。在神经网络等深度学习模型中，归一化和标准化可以加快模型的收敛速度，降低训练过程中的震荡和振荡现象，提高模型的训练效率。

（2）降低过拟合风险

归一化和标准化可以降低模型对特征尺度的敏感性，减少模型的过拟合风险。通过将所有特征转换为相同的尺度和范围，模型更容易捕捉到数据的共性特征，而不是过度拟合于特定的特征尺度。这样可以提高模型在新数据上的泛化能力，减少模型的泛化误差，使得模型更具有可靠性和稳健性。

（3）提高预测性能

归一化和标准化可以提高模型的预测性能和泛化能力，使模型能够更准确地预测新数据的结果。在生物数据的分类或回归模型建立过程中，通过对特征进行标准化处理，可以消除特征之间的量纲差异，降低特征对模型的影响程度，从而提高模型的预测性能和泛化能力。

维度并提高模型的解释性和泛化能力。

在实际应用中，方差选择通常分为以下几个步骤：

（1）计算特征的方差

对每个特征在样本中的取值进行统计，计算其方差。方差的计算可以采用样本方差的公式，即每个样本与特征均值的差的平方和的平均值。

（2）设定阈值

根据实际需求和问题的复杂度，设定一个方差的阈值。一般来说，方差较小的特征会有较低的方差值，而方差较大的特征会有较高的方差值。因此，可以根据问题的要求设定一个适当的阈值，小于该阈值的特征将被认为是无关的，可以被剔除。

（3）特征选择

根据设定的阈值，对计算得到的每个特征的方差进行筛选。将方差低于阈值的特征剔除，保留方差高于阈值的特征作为重要特征。

（4）后续处理

在剔除低方差特征后，可能需要进行一些后续处理，例如，重新调整数据集、重新训练模型或者通过其他特征选择方法进一步优化特征集合。

需要注意的是，方差选择方法的效果会受到数据集本身的影响，对于具有高度相似性或者冗余信息的特征，方差选择可能并不是最优的选择。因此，在应用方差选择方法时，需要综合考虑数据的特点、问题的复杂度以及模型的需求，选择合适的阈值和方法，以达到最佳的特征选择效果。

2. 相关系数法

在生物数据分析中，研究人员常常需要确定哪些特征与研究人员感兴趣的生物学现象或目标变量相关联，以便更好地理解生物系统的结构和功能。相关系数法正是基于这样的需求而设计的，它能够帮助研究人员找到与目标变量相关性较高的特征，从而简化数据集，提高模型的解释性和预测能力。

相关系数法的核心思想是通过计算特征与目标变量之间的相关系数来衡量它们之间的线性相关性。通常情况下，相关系数的取值范围在 -1 到 1 之间，其中 1 表示完全正相关，-1 表示完全负相关，0 表示无相关性。在特征选择中，研究人员通常选择与目标变量相关性较高的特征，因为这些特征更有可能对目标变量的变化产生影响，使模型具有更高的预测能力。

具体而言，相关系数法的步骤可以总结如下：

（1）计算相关系数

对每个特征与目标变量之间的相关系数进行计算，通常使用皮尔逊相关系数或斯皮尔曼相关系数等统计方法来完成。皮尔逊相关系数用于衡量两个连续变量之间的线性相关性，而斯皮尔曼相关系数则更适用于评估变量之间的单调关系。

（2）设定阈值

根据实际需求和问题的复杂度，设定一个相关系数的阈值。通常情况下，与目标变量相关性较高的特征会具有较高的相关系数，因此可以选择一个适当的阈值，将相关系数大于或等于该阈值的特征作为重要特征。

（3）特征选择

根据设定的阈值，对计算得到的每个特征的相关系数进行筛选。将相关系数大于等于阈值的特征保留，而相关系数小于阈值的特征剔除，以此来选择与目标变量相关性较高的特征。

（4）后续处理

在进行特征选择后，可能需要进行一些后续处理，例如，重新调整数据集、重新训练模型或者通过其他特征选择方法进一步优化特征集合。

3. 互信息法

互信息法是一种基于信息论原理的特征选择方法，其主要思想是利用互信息量度来评估特征与目标变量之间的关联程度。在生物数据分析中，研究人员常常需要确定哪些特征与研究人员感兴趣的生物学现象或目标变量相关联，以便更好地理解生物系统的结构和功能。互信息法能够帮助研究人员找到与目标变量相关性较高的特征，从而简化数据集，提高模型的解释性和预测能力。

在实际应用中，互信息法的步骤可以总结如下：

（1）计算互信息

对每个特征与目标变量之间的互信息进行计算。这需要利用样本数据来估计特征和目标变量的联合概率分布以及边缘概率分布，进而计算互信息值。

（2）设定阈值

根据实际需求和问题的复杂度，设定一个互信息的阈值。一般情况下，与目标变量相关性较高的特征会具有较高的互信息值，因此可以选择一个适当的阈值，将互信息值大于或等于该阈值的特征作为重要特征。

（3）特征选择

根据设定的阈值，对计算得到的每个特征的信息值进行筛选。将互信息值大于或等于阈值的特征保留，而互信息值小于阈值的特征剔除，以此来选择与目标变量相关性较高的特征。

（4）后续处理

在进行特征选择后，可能需要进行一些后续处理，例如，重新调整数据集、重新训练模型或者通过其他特征选择方法进一步优化特征集合。

值得注意的是，互信息法能够捕捉到特征与目标变量之间的非线性关系，相较于相关系数法等线性方法具有更广泛的适用性。然而，互信息法的计算复杂度较高，需要对数据进行较多的计算和估计，因此在实际应用中需要权衡计算成本和选择效果。

（二）包裹法

包裹法是通过训练模型来评估特征的重要性的方法，它直接利用模型的性能指标来评价特征的贡献程度。常用的包裹法包括：

1.递归特征消除

递归特征消除是一种基于机器学习模型的方法，其核心思想是逐步剔除对模型性能影响较小的特征，直到达到指定的特征数量或性能指标。具体而言，递归特征消除的步骤如下：

①初始化模型：选择一个适当的机器学习模型作为基础模型，并利用全部特征进行训练。

②特征重要性评估：在训练好的模型基础上，评估每个特征对模型性能的影响。这通常通过特征的系数、权重或者其他衡量方法来实现。

③特征选择：选择对模型性能影响较小的特征，将其剔除出特征集合。

④重复步骤②和③：重复进行特征重要性评估和特征选择的过程，直到达到指定的特征数量或性能指标。

递归特征消除的优点在于能够直接利用模型性能指标来评估特征的重要性，同时能够考虑特征之间的交互作用。然而，它也存在一些缺点，例如计算量大、训练时间长等，特别是在特征维度较高时，可能会面临较大的计算压力。

2. 前向选择

前向选择是一种启发式的特征选择方法，其核心思想是从空特征集开始，逐步添加对模型性能影响最大的特征，直到达到指定的特征数量或性能指标。具体而言，前向选择的步骤如下：

①初始化：将特征集合置为空。

②特征评估：对每个特征进行评估，选择对模型性能影响最大的特征。

③特征添加：将选定的特征添加到特征集合中。

④重复步骤②和③：重复进行特征评估和特征添加的过程，直到达到指定的特征数量或性能指标。

前向选择的优点在于能够快速找到对模型性能贡献较大的特征，但其缺点在于可能会忽略部分重要特征，因为它是一种"贪婪"的方法，只考虑了当前最优的特征。

3. 后向消除

后向消除是前向选择的逆过程，其核心思想是从所有特征开始，逐步剔除对模型性能影响最小的特征，直到达到指定的特征数量或性能指标。具体而言，后向消除的步骤如下：

①初始化：将特征集合初始化为所有特征。

②特征评估：对每个特征进行评估，选择对模型性能影响最小的特征。

③特征剔除：将选定的特征从特征集合中剔除。

④重复步骤②和③：重复进行特征评估和特征剔除的过程，直到达到指定的特征数量或性能指标。

后向消除与前向选择相反，它的优点在于能够考虑到所有特征的影响，但其缺点在于计算复杂度较高，尤其是在特征维度较高时，可能会面临较大的计算压力。

（三）嵌入法

嵌入法是将特征选择嵌入模型训练的过程中，通过模型自身的性能来评估特征的重要性。常用的嵌入法包括：

1. Lasso 回归

Lasso（Least Absolute Shrinkage and Selection Operator）回归是一种经典的

线性模型，其在特征选择和模型简化中具有重要作用。通过引入 L1 正则化惩罚项，Lasso 回归能够在保持模型拟合数据的同时，有效地降低模型复杂度，使得模型系数稀疏化，从而达到特征选择和模型简化的双重目的。

Lasso 回归的损失函数由两部分组成：第一部分是平方损失项，用于衡量模型在拟合训练数据方面的表现；第二部分是 L1 正则化惩罚项，用于控制模型的复杂度。具体而言，L1 正则化项是模型系数的绝对值之和，它与正则化参数（通常记为 λ）相乘后加到损失函数中。这样一来，在优化损失函数时，模型会尽量将不重要的特征的系数收缩为零，从而实现特征的稀疏化。因此，通过适当选择正则化参数 λ，Lasso 回归能够筛选出对目标变量具有显著影响的特征，从而实现特征选择的目的。

在实际应用中，Lasso 回归被广泛应用于特征选择、维度约简和噪声过滤等任务中，其在生物数据分析、金融预测、图像处理等领域都有着重要的应用价值。例如，在基因表达数据分析中，研究人员常常利用 Lasso 回归筛选出与特定生理过程相关的关键基因，从而揭示基因调控网络的结构和功能。

然而，虽然 Lasso 回归在特征选择方面具有显著优势，但也存在一些限制和注意事项。例如，当数据集中存在高度相关的特征时，Lasso 回归倾向于选择其中一个特征，而忽略其他高度相关的特征，这可能导致特征选择结果不稳定。此外，在面对大规模数据集时，Lasso 回归的计算复杂度较高，需要耗费较长的训练时间。因此，在实际应用中，需要综合考虑数据特点、问题需求和算法性能等因素，选择合适的特征选择方法，并进行适当的参数调优和模型评估，以达到最佳的特征选择效果。

2. 岭回归

岭回归是一种利用 L2 正则化惩罚项来控制模型参数大小的线性模型。岭回归与 Lasso 回归类似，模型的损失函数也由两部分组成：平方损失项和 L2 正则化惩罚项。不同的是，岭回归使用的是 L2 正则化，它能够降低特征间的共线性，从而提高模型的泛化能力。岭回归通过调整正则化系数，可以在保持模型拟合数据的同时，尽量减小特征系数的大小，避免过拟合问题，提高模型的稳定性和泛化能力。

3. 决策树

决策树通过构建树结构对数据进行分类或回归，其基本思想是通过一系列的分裂节点逐步将数据集划分成不同的子集，使得每个子集内的数据尽可能属于同一类别或具有相似的输出值。在决策树的构建过程中，特征的重要性起着至关重要的作用，决定了哪些特征将被选择用于节点分裂，从而影响了最终模型的性能和泛化能力。

特征的重要性通常由其在决策树的节点分裂过程中所带来的信息增益或基尼不纯度减少程度来衡量。信息增益是指在某个节点上使用某个特征进行分裂后，数据的纯度相较于之前的节点增加的程度。基尼不纯度则是另一种常用的衡量指标，它表示在某个节点上随机选取两个样本，这两个样本不属于同一类别的概率。信息增益和基尼不纯度都可以用来衡量特征在决策树构建过程中的重要性，是选择具有较大增益或较小不纯度的特征作为节点分裂的依据。

在实际应用中，决策树可以处理分类和回归问题，具有较好的鲁棒性和灵活性。例如，在分类问题中，决策树可以根据特征的取值范围将样本分成不同的类别，从而实现对数据的分类；而在回归问题中，决策树则可以根据特征的取值范围来预测目标变量的数值。此外，决策树还可以处理多类别和多输出问题，具有较强的扩展性和适应性。

然而，决策树也存在一些局限性。例如，决策树容易出现过拟合问题，特别是在处理复杂数据集的时候。为了减少过拟合的风险，可以通过剪枝等技术来限制树的生长，或者采用集成学习方法如随机森林来改善模型的泛化能力。此外，决策树在处理连续性特征和缺失值时需要额外的处理，需要选择合适的分裂准则和处理策略。

二、生物数据降维技术及其应用

（一）主成分分析（PCA）

1. PCA 简介

主成分分析（Principal Component Analysis，PCA）是一种常用的无监督学习方法，用于降低数据维度并发现数据中的主要结构。在 PCA 中，通过线性变换将原始的高维特征空间映射到一个新的低维空间，从而在保留大部分原始数据方差的同时，减少数据的维度，简化数据集的复杂度。PCA 的基本思想是找到能够最大程度解释数据变异性的主成分，将数据映射到这些主成分所构成的低维空间上。

2. PCA 的工作原理

PCA 的工作原理基于数据的协方差矩阵或相关系数矩阵。首先，PCA 通过计算原始数据的协方差矩阵或相关系数矩阵，得到数据的特征向量和特征值。然后，对特征值进行排序，选择其中最大的 k 个特征值对应的特征向量作为主成分，构成新的特征空间。最后，将原始数据投影到这些主成分上，即可得到降维后的数据。

PCA 还可以采用奇异值分解（Singular Vaule Decomposition，SVD）等方法来进行计算，以提高计算效率和数值稳定性。此外，PCA 还可以通过控制保留的主成分数目调整降维后的数据维度，以满足实际需求。

3. PCA 的应用领域

在生物数据分析中，PCA 被广泛应用于处理高维的基因表达数据、蛋白质结构数据等。通过 PCA 降维，研究人员可以发现数据中的潜在结构和模式，识别出主要的变化方向和特征，从而帮助理解数据集的内在结构和关系。例如，在基因表达数据中，PCA 可以帮助发现不同样本之间的相似性和差异性，识别出影响基因表达的主要因素和生物过程。

除了在生物数据分析中的应用外，PCA 还被广泛应用于其他领域，如图像处理、语音识别、金融数据分析等。在图像处理中，PCA 可以用于降低图像的维度并提取出图像的主要特征；在语音识别中，PCA 可以用于降低语音信号的维度并提取出关键的语音特征；在金融数据分析中，PCA 可以用于降低金融时间序列数据的维度并识别出影响金融市场波动的主要因素。

（二）线性判别分析（LDA）

1. LDA 简介

线性判别分析（Linear Discriminant Analysis，LDA）是一种监督学习的降维方法，其目标是找到一个投影方向，最大化不同类别之间的距离，同时最小化同一类别内部的距离。与 PCA 不同，LDA 不仅考虑了数据的方差，还考虑了数据之间的类别信息，因此在处理分类问题的降维和特征提取方面具有优势。

2. LDA 的工作原理

LDA 的工作原理可以概括为以下几个步骤：首先计算每个类别的均值向量和类内散度矩阵；然后计算类间散度矩阵；接着求解类间散度矩阵和类内散度

矩阵的广义特征值，得到最优投影方向；最后将原始数据投影到最优投影方向上，得到降维后的数据。

3. LDA 的应用领域

在生物数据分析中，LDA 常被用于处理分类问题，如肿瘤类型的分类、药物响应预测等。通过 LDA 降维，可以提取出最具判别性的特征，从而实现对不同类别之间的有效区分，有助于改善分类模型的性能和泛化能力。例如，在肿瘤类型分类中，可以利用 LDA 提取出具有代表性的基因表达特征，从而实现对不同类型肿瘤的准确分类和识别。

4. LDA 在生物数据分析中的应用案例

一个典型的应用案例是基因表达数据的分类。对于收集到的不同类型肿瘤患者的基因表达数据，可以利用 LDA 提取出其中最具有代表性的基因表达特征，然后构建分类模型进行肿瘤类型的预测。通过与其他分类方法进行比较，可以发现利用 LDA 提取的特征在分类性能上通常具有较好的效果，从而证明了LDA 在生物数据分类问题中的有效性和实用性。

（三）t 分布随机邻域嵌入（t-SNE）

1. t-SNE 简介

t 分布随机邻域嵌入（t-Distributed Stochastic Neighbor Embedding，t-SNE）是一种非线性降维方法，其主要目标是将高维数据映射到二维或三维空间，并保持数据样本之间的局部相似性关系。相较于线性降维方法如 PCA 和 LDA，t-SNE 更适用于处理非线性关系和局部密集分布的数据。t-SNE 通过考虑样本之间的相似度来构建低维空间中的映射，使得原始数据中相似的样本在降维后仍然保持相邻关系，有助于可视化高维数据和聚类分析。

2. t-SNE 的工作原理

t-SNE 的工作原理可以概括为以下几个步骤：首先，通过高维数据中每个样本之间的相似度构建一个相似度矩阵；其次，t-SNE 利用高维空间和低维空间中的相似度来计算样本点之间的条件概率分布，使得在高维空间中相似的样本在低维空间中也具有较高的概率；再次，t-SNE 通过最小化高维空间和低维空间之间的 Kullback-Leibler 散度来确定最优的低维表示，从而实现数据的降维映射；最后，通过梯度下降等优化算法来最小化目标函数，得到最终的低维嵌入。

3. t-SNE 的生物数据分析应用

在生物数据分析中，t-SNE 常被用于可视化基因表达数据、蛋白质结构数据等高维数据。通过 t-SNE 降维和可视化，研究人员可以直观地观察数据中的结构和聚类情况，发现潜在的群集模式和相似性结构，从而为进一步的数据解释和分析提供重要线索。例如，在基因表达数据中，t-SNE 可以帮助研究人员发现不同样本之间的表达模式和聚类结构，识别出潜在的基因表达模式和生物过程，从而揭示基因调控网络和疾病机制。

第四章　生物数据分析工具和技术

第一节　基本统计方法和数据可视化工具

一、常用的统计方法在生物数据分析中的应用

在生物数据分析中，统计方法扮演着至关重要的角色，帮助研究人员理解和解释数据。常用的统计方法包括描述性统计、推断性统计和多变量统计等。

（一）描述性统计方法

1. 生物数据的中心趋势分析

（1）基因表达数据的中平均值计算

在生物数据分析中，基因表达数据的平均值计算是一项关键的统计任务，它能够让研究人员对基因表达水平有整体认识和理解。基因表达水平的平均值是指在给定的样本集合中，基因在不同条件下表达的平均程度，是基因表达模式的一个重要指标。

基因表达数据通常以基因表达矩阵的形式呈现，其中每一行代表一个基因，每一列代表一个样本。基因表达水平可以通过各种技术（如 RNA 测序或微阵列）获得，通常以基因的读数或表达值的形式表示。为了计算基因的平均表达水平，研究人员将同一基因在所有样本中的表达值进行求平均处理。

在实际计算中，基因表达数据的平均值可以通过简单的算术平均或加权平均来获取。对于算术平均，可以将每个样本中同一基因的表达值相加，然后除以样本数量来计算；在加权平均中，可以根据样本的重要性或权重来计算基因表达值的平均值，以更好地反映样本间的差异性。

基因表达数据的平均值计算对于生物学研究具有重要意义。首先，它对基因在不同条件下平均表达水平进行了估计，有助于揭示基因的基本功能和生物

过程。其次，基因表达数据的平均值可以用于比较不同条件下基因表达的差异，有助于研究人员识别潜在的生物学意义。最后，基因表达数据的平均值还可用于构建生物网络、模型和预测，有助于研究人员进一步深化对生物系统的理解。

（2）中位数的应用

中位数是将数据按大小顺序排列后位于中间位置的数值，它能够相对较好地抵抗异常值的影响，因此在某些情况下比平均值更为稳健。

在基因表达数据分析中，中位数的应用具有重要意义。基因表达数据往往包含大量的样本和基因，可能存在一些异常值或者极端值，这些异常值或者极端值可能会对平均值的计算产生较大的影响，导致平均值不够稳健。相比之下，中位数能够更好地反映数据的中心趋势，因为它是基于数据的位置而不受异常值的影响。

特别是在基因表达数据中，由于生物系统的复杂性和基因表达的多样性，存在着丰富的生物学变化和异质性。因此，基因表达数据集中常常会包含一些极端的表达值，这些值可能是实验误差、技术偏差或生物学变异导致的。在这种情况下，采用中位数作为中心趋势的度量更有利于减少这些异常值的影响，从而更准确地反映数据的真实特征。

此外，中位数还具有较好的鲁棒性，即在数据集中的变化较大时，中位数相对于平均值更不容易受到影响。这使得中位数在处理生物数据中的不确定性和噪声方面表现出色。在基因表达数据分析中，研究人员经常需要考虑不同实验条件、技术平台和样本来源等因素带来的变化，而中位数能够更好地应对这些挑战，提供更为稳健的数据摘要。

2. 生物数据的变异程度分析

（1）标准差的计算

在基因表达数据分析中，标准差的计算对于理解基因表达水平的分布和波动情况至关重要。基因表达数据通常是大规模的数据集，其中包含了许多不同基因在不同条件下的表达水平。这些数据可能受到多种因素的影响，例如实验误差、技术平台的变化、生物样本的异质性等。标准差的计算能够帮助研究人员理解基因表达数据的离散程度，即基因表达水平在平均水平周围的波动情况。

较大的标准差表示数据的离散程度较高，即数据点相对于平均值的偏离较大。这可能意味着基因表达水平在不同样本之间或不同条件下存在较大的变化，反映了数据集的不稳定性和异质性。在基因表达分析中，较大的标准差可能预示着潜在的生物学变化或实验条件的不一致性，需要进一步的探索和解释。

相反，较小的标准差表示数据的离散程度较低，即数据点相对于平均值的偏离较小。这表明基因表达水平在不同样本之间或不同条件下变化较小，反映了数据集的稳定性和一致性。在基因表达分析中，较小的标准差通常被认为是理想的，因为它表示基因表达水平的一致性，有助于识别出稳定的基因表达模式和特征。

（2）方差的解释

方差是生物数据分析中非常重要的统计量之一，它是描述数据集变异程度的度量，用于衡量数据的离散程度。在基因表达数据分析中，方差扮演着至关重要的角色，能够提供有关基因表达水平变异情况的重要信息。

基因表达数据通常包含大量的基因，每个基因在不同样本或条件下的表达水平可能存在差异。方差的计算能够帮助研究人员了解基因表达数据的总体变异情况，即基因表达水平的波动程度。通过计算基因表达数据的方差，可以得知基因表达水平的变异程度，从而揭示数据集的特点和规律。

较大的方差意味着基因表达水平在不同样本或条件下存在较大的变化，反映了数据集的不稳定性和异质性。这可能是由于生物样本的异质性、实验条件的差异或技术平台的变化等因素导致的。研究人员需要注意这种变化，以便更好地解释数据和设计后续实验。

相反，较小的方差则表示基因表达水平的变异程度较低，即数据集中的基因表达水平相对稳定一致，反映了数据集的一致性和可重复性，有助于识别出稳定的基因表达模式和特征。在基因表达分析中，较小的方差通常被视为理想情况，因为它表示数据的稳定性和可靠性，为后续数据解释和模型构建提供了有力支持。

3. 生物数据的分布情况分析

（1）直方图的绘制

在生物数据分析中，绘制基因表达水平的直方图是一项重要的任务，因为它可以帮助研究人员更好地理解基因表达数据的分布特征，发现异常值，探索数据的偏斜程度，以及发现潜在的数据模式。

绘制基因表达水平的直方图通常需要经过以下步骤：

①数据准备。从实验中获得的基因表达数据，通常是一个包含基因表达水平数值的数据集。这些数据可以是原始的测序数据，也可以是经过预处理和标准化后的表达量数据。

②数据分组。为了绘制直方图，通常需要将基因表达水平的数值进行分组或分箱处理。这可以通过设定一组等距或不等距的区间实现。例如，可以将基因表达水平划分为若干个区间，然后统计每个区间内的基因数量或频数。

③绘制直方图。使用数据可视化工具（如 Python 中的 matplotlib 库）或专业的统计软件（如 R 语言）来绘制直方图。在绘制过程中，先输入分组后的基因表达水平数据，然后根据数据的频数绘制柱状图，柱子的高度代表该区间内基因的数量。

④图形解释。分析和解释绘制的直方图。通过观察直方图的形状、峰度、偏度等特征，研究人员可以推断数据的分布模式是对称的还是非对称的，是否存在异常值以及数据的集中趋势。

绘制基因表达水平的直方图不仅可以帮助研究人员快速了解数据的分布情况，还可以为后续的数据分析和解释提供重要线索。例如，通过观察直方图可以发现数据是否呈正态分布，是否存在明显的偏斜或离群值，从而选择合适的统计方法和数据处理策略。

（2）箱线图的应用

箱线图（Box Plot），又称盒须图或盒式图，是一种常用的数据可视化工具，用于展示数据的分布情况和离群值的存在。在生物数据分析中，箱线图是一种重要的图表形式，经常被用于展示基因表达数据的统计特征和变异程度。

箱线图通常由五个统计量组成，包括最小值、第一四分位数（Q_1）、中位数、第三四分位数（Q_3）和最大值。这五个统计量构成了箱线的上下边界以及箱子内部的中间线。箱子的上边界为第三四分位数，下边界为第一四分位数，箱子的长度代表了数据的四分位距（IQR，Interquartile Range），即 Q_3 和 Q_1 之间的距离。箱子内的中间线代表了数据的中位数，也就是数据的中心趋势。箱线图的"盒子"部分覆盖了数据的中间 50% 范围，而"须子"则覆盖了剩余 50% 的数据。

箱线图的优点之一是能够清晰地显示数据的分布情况和离群值的存在。通过观察箱线图，研究人员可以直观地了解数据的中心趋势、散布程度和异常值情况。例如，在基因表达数据分析中，箱线图可以帮助研究人员比较不同基因或不同样本之间的表达水平差异，发现异常的表达模式或存在的离群值。此外，箱线图还可以用于检测数据的对称性、偏斜程度以及数据的集中趋势。

除了单个箱线图外，还可以通过分组箱线图或并列箱线图来比较不同组之间的数据分布情况。这种方法能够更直观地展示不同组别之间的差异，并提供更全面的数据对比。

（二）推断性统计方法

1. 实验设计中的假设检验

（1）假设检验的基本原理

假设检验是一种统计推断方法，用于确定样本数据是否支持对总体参数的某种假设。在生物数据分析中，假设检验通常用于比较不同实验组之间的差异性。例如，在基因表达数据分析中，研究人员可能感兴趣的是某个基因在两个实验条件下是否存在显著表达差异。通过假设检验，可以得出结论，判断两组样本之间的差异是否具有统计学意义。

（2）假设检验的应用案例

在生物数据分析中，假设检验具有广泛的应用场景。例如，研究人员可能希望确定某种治疗方法是否能够显著降低患者的患病风险，或者两种不同药物之间存在的治疗效果差异。通过设计合适的实验和进行假设检验，可以对这些问题进行科学验证，并得出结论，指导临床实践和医疗决策。

2. 参数估计的置信区间估计

（1）置信区间估计的概念

置信区间估计是一种用于估计总体参数范围的统计方法，它提供了参数估计的可信区间。在生物数据分析中，置信区间估计常用于对总体参数的估计和推断。例如，在基因表达数据分析中，研究人员可能对某个基因的平均表达水平感兴趣。通过置信区间估计，研究人员可以得到该基因平均表达水平的估计范围，从而评估估计结果的稳定性和可靠性。

（2）置信区间估计的应用案例

在生物数据分析中，置信区间估计被广泛应用于参数估计和结果解释中。例如，在流行病学研究中，研究人员可能希望估计某种疾病的发病率或某种因素对疾病风险的影响。通过构建置信区间，可以对这些参数进行区间估计，评估估计结果的稳定性，并为决策提供科学依据。

（三）多变量统计方法

1. 生物数据的相关分析

（1）相关分析的基本原理

相关分析是一种统计方法，用于衡量两个或多个变量之间的关系程度。在生物数据分析中，相关分析通常用于探索基因或生物学特征之间的相互关系。通过计算相关系数，可以了解变量之间的相关性强度和方向。例如，在基因组学研究中，研究人员可以对不同基因的表达水平进行相关分析，从中发现基因之间的共同调控关系。

（2）相关分析的应用案例

在生物数据分析中，相关分析有广泛的应用场景。例如，在疾病研究中，研究人员可以对疾病相关基因的表达水平进行相关分析，以了解这些基因在疾病发生和发展过程中的相互作用关系。此外，相关分析还可用于探索生物学特征之间的相关性，如基因表达与蛋白质结构的相关性等，从而帮助研究人员理解生物系统的复杂性和机制。

2. 生物数据的回归分析

（1）回归分析的基本原理

回归分析是一种在变量之间建立关系的统计方法，常用于建立预测模型和探索因果关系。在生物数据分析中，回归分析通常用于建立基因表达与生物性状之间的预测模型。通过拟合回归模型，可以确定变量之间的函数关系，并用于预测或解释目标变量的变化。例如，在医学研究中，研究人员可以利用回归分析建立基因表达与疾病风险之间的预测模型，从而为疾病的预防和治疗提供指导。

（2）回归分析的应用案例

在生物数据分析中，回归分析有着广泛的应用场景。例如，在药物研发中，研究人员可以利用回归分析建立药物剂量与疗效之间的关系模型，为临床用药的合理选择提供指导。此外，回归分析还可用于探索生物学特征与环境因素之间的关系，如基因表达与环境污染物暴露之间的相关性分析，为环境健康研究提供支持和参考。

二、生物数据可视化工具的选择和使用

生物数据可视化工具在生物数据分析中起着至关重要的作用，它能够帮助研究人员将数据转化为可视化图形，直观地展示数据的特征和模式。

（一）R 语言中的 ggplot2

ggplot2 是 R 语言中一款强大的数据可视化包，具有灵活的绘图语法和丰富的图形功能。其特点如下：

1. 灵活的绘图语法

ggplot2 是 R 语言中一款强大的数据可视化包，以其灵活的绘图语法和高度定制化的可视化效果而闻名。其独特的设计理念和图层叠加的方式使得用户能够轻松构建各种复杂的图形，并实现对数据的深入探索和理解。首先，ggplot2 的灵活性体现在其图层叠加的设计思想上。用户可以通过逐步添加图层的方式构建图形，每一层都代表了数据的一个方面或变换。这种图层叠加的方式使得用户能够直观地理解图形的构建过程，方便对图形进行修改和调整。同时，gg-plot2 提供了丰富的几何对象和统计变换函数，用户可以根据需要选择合适的对象和变换方法，实现对数据的灵活处理和可视化呈现。其次，ggplot2 的绘图语法简洁明了，易于上手。它采用了一种基于"+"符号的链式调用方式，用户可以通过简单的语法构建复杂的图形，而无须深入了解底层绘图原理。ggplot2 的语法规则清晰明确，分为数据、几何对象、统计变换、标尺和主题等多个部分，每个部分都有相应的函数设置，使得用户能够快速上手，灵活运用。此外，gg-plot2 提供了丰富的主题和颜色选项，用户可以根据自己的需求定制图形的外观和风格。无论是调整图形的颜色、线条类型、字体样式，还是修改坐标轴的刻度、标签，ggplot2 都提供了丰富的选项和参数，满足用户对图形外观的个性化需求。

最重要的是，ggplot2 支持对大规模数据进行高效可视化。图层叠加的设计理念和优化的绘图引擎，使得 ggplot2 在处理大规模数据时表现出色。用户可以轻松绘制包含数十万甚至数百万个数据点的图形，并在其中发现隐藏的模式和趋势，为数据分析和决策提供重要参考。

2. 丰富的图形功能

ggplot2 是 R 语言中一款强大的数据可视化包，以其丰富的图形功能而备受青睐。它支持绘制各种类型的统计图形，包括散点图（Scatter Plot）、折线图（Line Plot）、箱线图（Box Plot）、直方图 (Histogram) 等，能够满足不同类型的生物数据分析需求，并为研究人员提供了丰富的可视化选择。首先，ggplot2 提供了散点图功能，用于展示两个变量之间的关系。散点图可以帮助研究人员观察数据的分布情况和变化趋势，发现变量之间的相关性和异常值。通过调整散点的大小、颜色和形状等参数，用户可以将更多信息编码到图形中，实现对数据的多维度呈现和解读。其次，ggplot2 支持绘制折线图，用于展示连续变量随着另一个变量的变化而变化的趋势。折线图常用于展示时间序列数据或实验结果的变化情况，能够清晰地表达数据的趋势和变化规律。ggplot2 提供了丰富的选项和参数，用户可以轻松调整折线图的样式、线型和标记，实现对数据变化的准确描述和呈现。此外，ggplot2 还支持绘制箱线图，用于展示数据的分布情况和离群值检测。箱线图能够直观地显示数据的中位数、四分位数和离群值，帮助研究人员快速了解数据的分布特征和异常情况。ggplot2 提供了丰富的参数和选项，用户可以根据需要自定义箱线图的展示方式和外观效果，实现对数据的全面展示和分析。另外，ggplot2 还支持绘制直方图，用于展示数据的分布情况。直方图能够直观地显示数据的分布形态和集中趋势，帮助研究人员了解数据的分布规律和特征。ggplot2 提供了丰富的参数和选项，用户可以调整直方图的柱宽、颜色和填充样式，实现对数据分布的清晰展示和分析。

3. 优秀的美观度

ggplot2 作为 R 语言中的一款优秀的数据可视化工具，以其丰富的主题和颜色选项而著称。这些选项使得用户可以轻松调整图形的外观，使其更加美观和易读。在生物数据分析中，数据可视化不仅是为了展示数据，更是为了有效地传达信息和展示结果。因此，图形的美观度对于图像的传达效果至关重要。

首先，ggplot2 提供了多种主题（theme）选项，用于控制图形的整体外观。这些主题包括各种预定义的主题，如经典主题（classic）、明亮主题（light）、黑色主题（dark）等，每个主题都具有独特的风格和颜色搭配。用户可以根据自己的喜好和数据的特点选择合适的主题，以达到最佳的视觉效果。其次，

ggplot2 还提供了丰富的颜色选项，用户可以根据需要自定义图形中的颜色和调色板。ggplot2 内置了许多预定义的颜色调色板，如色盲友好的调色板（color-blind-friendly palettes）、渐变色调色板（gradient palettes）等，可以满足用户对不同类型数据的可视化需求。此外，用户还可以通过指定颜色的 RGB 值或使用颜色名称来自定义颜色，以满足特定的审美需求和视觉效果。

除了主题和颜色选项外，ggplot2 还支持图形元素的自定义和调整，如字体大小、线条粗细、标签位置等。这些调整可以使图形更加清晰、易读和吸引人。此外，ggplot2 还支持图形的交互性和动态效果，如添加标签、工具提示、缩放和平移等功能，使用户可以更加直观地探索数据并与图形进行互动。

（二）Python 中的 Matplotlib 和 Seaborn

Matplotlib 是 Python 中最常用的绘图库之一，而 Seaborn 则是基于 Matplotlib 的高级统计绘图库。它们的特点如下：

1.Matplotlib

Matplotlib 是 Python 中最常用的绘图库之一，以其丰富的绘图功能和灵活的绘图接口而闻名于世。作为一个功能强大的可视化工具，Matplotlib 提供了丰富的绘图类型和样式，能够满足用户对各种生物数据分析的需求。

首先，Matplotlib 支持绘制各种类型的统计图形，包括折线图、散点图、柱状图、箱线图、饼图等。这些图形类型适用于不同类型的数据分析，能够直观地展示数据的特征和规律。例如，折线图适用于展示数据的变化趋势，散点图适用于展示变量之间的关系，柱状图适用于比较不同组别之间的差异，箱线图适用于展示数据的分布和离群值等。

其次，Matplotlib 提供了灵活的绘图接口，用户可以通过简单的代码实现对图形的高度定制。Matplotlib 的绘图接口包括面向对象的接口和基于 Pyplot 模块的接口两种方式，用户可以根据需求选择合适的接口进行绘图。通过面向对象的接口，用户可以对图形的每个组成部分进行精细控制，包括图形的大小、标题、坐标轴标签、线条样式、颜色等；而基于 Pyplot 模块的接口则适用于快速绘制简单的图形。

除了基本的绘图功能外，Matplotlib 还支持图形的保存、导出和共享，用户可以将绘制的图形保存为常见的图像格式（如 PNG、JPEG、SVG 等）或 PDF 文件，以便后续使用或分享。此外，Matplotlib 还支持图形的交互功能，如添加标签、工具提示、缩放和平移等，使用户可以更加直观地探索数据并与图形进行互动。

2.Seaborn

Seaborn 是 Python 中一款专门用于绘制统计图形的高级数据可视化库，它在 Matplotlib 的基础上，提供了更加简洁、美观的图形风格类型，以及更加方便的图形绘制接口。作为专注于统计图形的工具，Seaborn 在生物数据分析中发挥着重要作用，并在可视化方面具有很多优势。首先，Seaborn 提供了一系列简洁、美观的图形风格，使得绘制的图形更加具有吸引力和可读性。它的默认图形风格相比于 Matplotlib 更加现代化，配色更加优雅，线条更加平滑，标签更加清晰，整体视觉效果更加舒适。这种美观的图形风格有助于提升数据可视化的效果，并使得分析结果更容易被理解和接受。其次，Seaborn 提供了丰富多样的统计图形类型，包括散点图、折线图、箱线图、热图、核密度图等，以及一些高级统计图形，如分面网格图、联合分布图、成对关系图等。这些图形类型能够满足生物数据分析中各种不同类型的需求，帮助研究人员更好地探索数据特征和模式，并进行深入的统计分析。另外，Seaborn 还支持一些高级统计分析方法，如数值变量分析和类别型变量分析。通过这些方法，用户可以更加直观地展示多个变量之间的关系和交互效应，揭示数据中的复杂模式和规律。这些高级统计图形和分析方法为生物数据分析提供了更深层次的解释，有助于研究人员发现数据中隐藏的信息和趋势。

（三）专业生物数据可视化工具

除了通用的数据可视化工具外，还有一些专门用于生物数据可视化的工具，如：

1.UCSC Genome Browser

UCSC Genome Browser 是一个广泛应用于生物学领域的基因组数据可视化工具，它为研究人员提供了丰富的基因组注释和功能性分析工具，极大地促进了基因组研究的进展。该工具的重要性不仅在于其功能的丰富性，还在于其在基因组数据可视化领域的领先地位和广泛应用。首先，UCSC Genome Browser 提供了广泛的基因组注释和功能性分析工具，包括基因结构、启动子区域、编码区、非编码区、转录因子结合位点、修饰位点等的注释信息。这些注释信息基于全面的生物数据库和先进的生物信息学算法，为研究人员提供了丰富的基因组信息，有助于他们理解基因组的结构和功能。其次，UCSC Genome Browser 提供了直观易用的用户界面和灵活的查询功能，让研究人员可以方便地访问和查询基因组数据。研究人员可以在浏览器界面输入基因名、染色体坐标或序列等信息，快速定位到感兴趣的基因区域，并查看相关的注释信息和功能分析结果。这种交互式的查询方式极大地方便了研究人员对基因组数据的访问和分析，为生物学研究提供了强大的工具支持。此外，UCSC Genome Browser 还提供了丰富的可视化功能，包括线性基因组浏览器、染色体插图、基因组比较工具等。这些功能使得研究人员可以直观地观察基因组的结构和变异，比较不同物种之间的基因组差异，探索基因组的进化和功能演化。

2.Cytoscape

Cytoscape 是一款专门用于生物网络可视化和分析的开源软件，为研究人员提供了强大的工具来探索和理解生物系统的复杂性和相互作用关系。作为生物网络分析领域的领先工具之一，Cytoscape 不仅在基础研究中被广泛应用，也在生物医学研究和药物发现等应用领域发挥着重要作用。首先，Cytoscape 提供了直观、灵活的图形界面，使用户能够轻松地绘制和定制生物网络图。用户可以通过简单的拖拽和放置操作，将生物分子、基因、蛋白质等节点以及它们之间的相互作用关系表示为图形，从而形象地展示生物系统的结构和功能。此外，Cytoscape 还支持导入外部数据，如基因表达数据、蛋白质相互作用数据等，帮助用户对生物网络进行更深入地分析和解释。其次，Cytoscape 提供了丰富的网络分析和功能注释工具，帮助用户从生物网络中提取有用信息并进行深入探索。通过网络分析算法，用户可以识别网络中的关键节点、网络模块和相互作用通路，从而揭示生物系统的关键功能和调控机制。同时，Cytoscape 还整合了各种生物信息学数据库和工具，如基因本体、代谢通路等，为用户提供了丰富的生物学背景信息和功能注释，有助于用户更全面地理解生物网络的意义和生物学过程的调控。此外，Cytoscape 还支持可视化布局算法，用户可以根据需要对网络图进行布局调整，使得图形更具可读性和美观性。用户还可以对网络图进行样式设置、节点大小和颜色的调整等，定制呈现生物网络的特征和结构，进一步提升数据的可视化效果和解释力。

第二节　机器学习在生物数据分析中的应用

一、支持向量机（SVM）

（一）SVM 的基本原理

支持向量机（Support Vector Machine，SVM）是一种经典的监督学习算法，其基本原理是通过寻找一个最优的超平面来实现数据的分类或回归。SVM 在模式识别、分类和回归分析等领域有着广泛的应用，尤其在生物数据分析中，其优异的性能使其成为研究人员重要的工具之一。

1. 超平面和支持向量

在支持向量机中，超平面是一个至关重要的概念，它代表了一个决策边界，用于将不同类别的数据点分开。在二维空间中，超平面是一条直线，而在三维空间中，它是一个二维平面。SVM 的核心目标是找到一个最优的超平面，以实现对数据的最优分类。这个最优的超平面不仅能够将数据点正确地分割开来，还要使得分类间隔尽可能地大，即最大化间隔。

超平面的位置和方向是由距离最近的一些数据点决定的，这些数据点被称为支持向量。支持向量不仅决定了超平面的位置，还决定了超平面的方向。它们的特点是与超平面的距离最近，因此在超平面的确定过程中起着至关重要的作用。支持向量的选择是基于它们在决策边界附近的关键性质，它们是那些位于最靠近决策边界的数据点，是对决策边界最有影响力的点。

在 SVM 中，支持向量起着重要的作用，因为它们代表了数据集中最具代表性的样本，决定了最终的分类结果。通过支持向量，SVM 能够更好地适应复杂的数据结构，并具有较强的泛化能力。此外，支持向量还使得 SVM 对异常值的影响较小，具有一定的鲁棒性。

2. 间隔最大化和优化目标

SVM 的核心思想是最大化分类间隔，这是其在解决分类问题时的关键原理。分类间隔是指超平面与最靠近它的数据点之间的距离，而 SVM 的目标是找到一个能够最大化这个间隔的超平面。通过最大化分类间隔，SVM 能够提高分类器的泛化能力和鲁棒性，使其在处理新数据时表现得更加稳健。

为了实现间隔最大化，SVM 的优化目标是求解一个凸优化问题。这个问题的目标是找到一组参数，包括超平面的法向量和偏置项，使得分类间隔最大。具体来说，SVM 的优化目标是最小化参数的范数，同时要求训练集中的每个样本都满足分类间隔大于或等于 1 的条件，这样可以确保分类器对未知数据的泛化能力。

在优化目标中，参数的范数起着重要作用，它控制了超平面的"长度"，即分类间隔的大小。通过最小化参数的范数，SVM 能够找到一个"最简单"的超平面，即一个能够有效分割数据并且泛化能力强的超平面。此外，SVM 还需要满足支持向量的约束条件，即确保所有支持向量到超平面的距离都大于或等于 1，这是为了保证分类器对训练数据和未知数据都有良好的分类效果。

3.核技巧和非线性分类

在实际应用中，许多生物数据集往往呈现出复杂的非线性关系，这给传统的线性分类算法带来了挑战。SVM 作为一种强大的分类器，在处理非线性分类问题时，通过核技巧的引入，能够将数据映射到更高维的特征空间，从而实现对非线性数据的有效分类。核技巧是 SVM 在处理非线性分类问题中的核心概念，其基本原理是通过定义合适的核函数，将原始特征空间中的数据点映射到一个更高维度的特征空间中，使得数据在新的特征空间中变得线性可分。

一种常用的核函数是线性核函数，它在原始特征空间中进行线性变换，适用于线性可分的情况。然而，对于许多生物数据集而言，线性核函数往往无法很好地处理非线性关系。这时，多项式核函数和高斯核函数等非线性核函数就显得尤为重要。多项式核函数能够将数据映射到高维的多项式空间中，从而捕捉到数据的非线性特征；而高斯核函数则能够将数据映射到无穷维的特征空间中，并以此实现对数据的非线性分类。

通过核技巧，SVM 在生物数据分析中的应用得以进一步扩展，不仅能够处理线性可分的情况，还能够应对复杂的非线性数据关系。例如，在基因表达数据分析中，研究人员常常需要识别出基因表达模式与疾病之间的非线性关系，这时可以借助 SVM 以及适当的核函数来实现准确的分类。此外，核技巧的引入还使得 SVM 具备了更高的灵活性和适用性，在生物数据分析领域发挥着重要作用。

（二）SVM 在生物数据分析中的应用

支持向量机在生物数据分析中的应用是生物信息学领域的重要组成部分之一，尤其在基因表达数据分析中，其应用广泛且有效。SVM 作为一种强大的分类器，具有处理高维数据和小样本数据集的优势，因此在生物数据的分类任务中得到了广泛应用。

1. 基因表达数据的分类与预测

随着高通量技术的发展，研究人员可以获取大量的基因表达数据，这些数据记录了生物体在不同条件下基因的表达水平，反映了生物体内基因功能的调控状态。研究人员可以通过机器学习算法对这些数据进行分类与预测，为疾病诊断、治疗方案制定以及生物学机制的解析提供重要支持。

SVM 作为一种强大的监督学习算法，在基因表达数据的分类与预测中发挥着重要作用。以癌症研究为例，癌症的分类和预测是临床诊断和治疗中的关键问题之一。通过分析患者肿瘤组织的基因表达数据，研究人员可以利用 SVM 算法对不同类型的肿瘤进行分类，或者预测患者的生存率和治疗效果。这种分类与预测的结果能够为医生提供重要的参考信息，帮助其制定个性化的治疗方案，提高治疗的精准性和效果，最终改善患者的存活率和生活质量。

在基因表达数据的分类与预测过程中，研究人员需要经历一系列步骤。首先，他们需要获取到高质量的基因表达数据，例如，利用微阵列技术或 RNA 测序技术从肿瘤样本中获取基因表达谱。其次，对数据进行预处理和特征选择，提取最具代表性的特征。在利用 SVM 进行分类与预测时，研究人员需要对算法进行参数调优，选择合适的核函数和正则化参数，以提高分类与预测的准确性和泛化能力。最后，他们需要对模型进行评估和验证，确保其在独立数据集上的性能稳定和可靠。

基因表达数据的分类与预测不仅在癌症研究中有着广泛的应用，还可以扩展到其他疾病领域，如心血管疾病、神经系统疾病等。利用机器学习算法，特别是 SVM 算法，结合基因表达数据的特征，可以为疾病的早期诊断、治疗监测和疾病预后等方面提供更为精准的信息，为生物医学研究和临床实践带来重要的价值和意义。

2. 生物标志物的发现与识别

SVM 等机器学习算法在生物标志物的发现与识别中发挥着重要作用。生物标志物是指能够指示生物体内某种生理或病理状态的生物分子，如基因、蛋白质、代谢物等。通过分析大规模的生物数据，如基因表达谱、蛋白质组数据等，利用机器学习算法可以筛选出与特定生理或病理状态相关的生物标志物，从而实现生物标志物的发现与识别。

在生物标志物的发现与识别过程中，SVM 等机器学习算法发挥着关键作用。这些算法能够从大量的生物数据中挖掘出隐藏的模式和规律，帮助识别与特定生理或病理状态相关的生物标志物。以癌症为例，研究人员可以利用 SVM 算法分析肿瘤患者和正常人群的基因表达谱数据，从中筛选出与肿瘤相关的生物标志物，如癌症相关基因或蛋白质。这些生物标志物可以作为癌症的诊断标志、预后评估指标或治疗靶点，为临床诊断和治疗提供重要的参考依据。

在生物标志物的发现与识别过程中，还需要注意数据的预处理、特征选择和模型评估等步骤。预处理包括数据清洗、归一化等，可以确保数据质量和一致性；特征选择则是从大量的生物数据中挑选出最具代表性的特征；模型评估则是对模型性能进行评估和验证，确保其在独立数据集上的泛化能力和稳定性。通过这些步骤的合理设计和实施，可以提高生物标志物的发现与识别的准确性和可靠性，为生物医学研究和临床实践提供更加有效的工具和方法。

3. 蛋白质结构预测与功能注释

SVM 等机器学习算法在蛋白质结构预测与功能注释中发挥着关键作用。蛋白质是生物体内功能最为丰富的分子之一，其结构与功能密切相关。蛋白质的结构包括一级结构（氨基酸序列）、二级结构（α-螺旋、β-折叠等）、三级结构（立体构象）以及功能域等。了解蛋白质的结构和功能对于研究生物学过程、疾病机制以及药物研发具有重要意义。

SVM 算法可以利用蛋白质的氨基酸序列信息来预测其二级结构、三维结构以及功能域等重要信息。在蛋白质结构预测方面，SVM 可以通过学习已知蛋白质结构的数据集，建立预测模型来推断未知蛋白质的结构。通过分析氨基酸序列的特征和相邻残基之间的关系，SVM 可以识别出具有特定结构特征的区域，从而预测出蛋白质的二级结构，如 α-螺旋、β-折叠等。此外，SVM 还可以结合其他生物信息学方法和实验技术，如同源建模、核磁共振等，提高蛋白质结构预测的准确性和可靠性。

在蛋白质功能注释方面，SVM 可以利用已知蛋白质的功能注释信息，构建预测模型来推断未知蛋白质的功能。通过分析蛋白质序列的保守性、氨基酸组成、结构域等特征，SVM 可以识别出蛋白质的功能域和功能相关区域，从而对其功能进行注释。例如，SVM 可以预测蛋白质是否具有特定的酶活性、配体结合能力或细胞信号传导功能等。这些功能注释信息有助于揭示蛋白质的生物学功能和调控机制，为研究蛋白质与疾病之间的关联提供重要线索。

二、随机森林（Random Forest）

（一）随机森林的基本原理

随机森林（Random Forest）作为一种集成学习算法，在生物数据分析领域中展现出了强大的应用潜力。

1. 决策树的集成

随机森林作为一种集成学习算法，是通过构建多个决策树并将它们集成起来进行分类或回归的方法。每棵决策树都是基于不同的随机子样本集和随机选择的特征进行构建的，这使每棵树都有所不同，从而降低了模型的方差，提高了泛化能力。随机森林的集成学习思想是通过组合多个弱学习器（即决策树），来构建一个更加稳健和准确的模型。

在随机森林中，每棵决策树都是基于一个随机子样本集构建的。这意味着每棵树都是在一个随机抽样的数据集上进行训练的，而不是在原始数据集上进行训练。这种随机抽样的方法可以有效地降低模型的方差，减少模型对训练数据的过度拟合，提高模型的泛化能力。此外，随机选择特征的过程也有助于增加模型的多样性，进一步提高模型的性能。

随机森林的集成学习思想使得它在处理复杂的、高维度的数据集时表现出色。由于每棵决策树都是相互独立的，因此，随机森林对于数据中的噪声和不规则性具有较强的鲁棒性。此外，随机森林还可以自然地处理缺失数据和不平衡数据，使得它在实际应用中更加灵活和稳健。

2. 随机性的引入

随机森林作为一种集成学习算法，通过引入随机性来增加模型的多样性，从而提高了模型的稳健性和泛化能力。这种随机性主要体现在两个方面：随机选择特征和随机子样本集。

（1）随机选择特征

在每棵决策树的构建过程中，并不是使用所有特征来进行节点的分裂，而是随机选择一个特征子集来进行分裂。这样做的好处是使得每棵决策树都只能考虑到部分特征的信息，从而降低了模型中特征之间的相关性，减少了模型的偏差。通过减少特征的数量，随机森林可以更好地处理高维数据，并且降低了模型的过拟合风险。

（2）随机子样本集

在每棵决策树的构建过程中，随机森林不是使用原始数据集来构建决策树，而是通过有放矢地随机抽样得到一个样本子集。这样做的好处是使得每棵决策树的训练数据都有所不同，从而增加了模型的多样性。通过引入随机性的样本选择，随机森林可以更好地适应不同的数据分布，降低模型的方差，提高模型的泛化能力。

3. 投票或平均策略

在随机森林中，采用投票或平均策略是一种集成学习的关键技术，用于确定最终的分类或回归结果。这两种策略在不同类型的问题中都能够提高模型的鲁棒性和稳定性，从而使随机森林在实际应用中更加准确和可靠。

第一，针对分类问题，随机森林采用投票的方式来决定最终的分类结果。在每棵决策树中，对于待分类的样本，都会进行预测并给出一个类别标签。最终的分类结果由所有决策树预测的类别标签进行投票，选择得票最多的类别作为最终的分类结果。这种投票策略保证了模型最终的分类结果是基于多个弱学习器的综合决策，而非单一决策树的判断，从而提高了模型的分类准确性和鲁棒性。

第二，对于回归问题，随机森林采用平均的方式来获得最终的回归结果。每棵决策树对于待预测的样本都会给出一个预测值，最终的回归结果是所有决策树预测值的平均值。这种平均策略有助于减少单个决策树的预测误差，使得最终的回归结果更加稳定和可靠。通过对多个决策树的预测结果进行平均，随机森林能够降低模型的方差，提高回归任务的预测准确性和泛化能力。

（二）随机森林在生物数据分析中的应用

随机森林在生物数据分析领域的广泛应用源于其出色的性能和灵活性。随机森林能够处理多种类型的生物数据，并在基因分类和疾病预测等任务中呈现出卓越的效果。

1. 基因分类

基因分类是生物数据分析领域的一个重要任务，旨在识别与特定生理过程、疾病或药物反应相关联的基因集合，以揭示基因在生物体内的功能和调控机制。

随机森林通过利用基因表达数据等生物学特征构建模型，能够对不同类型的基因进行有效分类。基因表达数据记录了生物体在特定条件下基因的表达水平，是了解基因功能和生物过程的重要信息来源。通过在随机森林模型中引入大量的基因表达数据作为特征，可以建立起一个复杂而准确的分类系统，从而实现对基因的精准分类。

在基因分类中，随机森林可以应用于多种场景。例如，在肿瘤分类中，可以利用基因表达数据对肿瘤类型进行分类，从而为个体化的治疗方案提供重要参考。通过对患者肿瘤组织中基因表达模式的分析，可以识别出与不同类型肿瘤相关的基因集合，为肿瘤的早期诊断和治疗提供依据。此外，随机森林还可用于其他生物学研究中的基因分类任务，如对特定疾病相关基因的鉴定和功能研究等。

随机森林作为一种集成学习算法，由多个决策树组成，能够克服单一决策树的过拟合问题，提高模型的泛化能力和鲁棒性。其采用的投票策略能够准确地对基因进行分类，而且对于高维度的基因表达数据也能够处理得较为出色。

2. 疾病预测

疾病预测是医学领域的一个关键任务，旨在通过分析个体的生物学信息，如生物标志物和基因表达数据等，来预测其是否患有某种疾病或所患疾病的严重程度。随机森林作为一种强大的机器学习算法，在这一领域展现了出色的性能和广泛的应用价值。

通过利用生物学信息构建随机森林模型，可以实现对个体患病风险的准确预测。例如，基于基因表达数据，可以预测某种遗传性疾病的患病风险。基因表达数据记录了个体在特定条件下基因的表达水平，反映了基因在生物体内的功能状态，因此可以作为预测疾病风险的重要特征。通过分析大规模的基因表达数据，随机森林可以筛选出与特定疾病相关的基因集合，并建立起一个高效而准确的预测模型。

随机森林在疾病预测中的优势主要体现在以下几个方面。首先，随机森林能够处理高维度和复杂的生物学数据，包括基因表达数据、蛋白质组数据等，具有较强的特征提取和模式识别能力。其次，随机森林采用了集成学习的策略，通过组合多个决策树的预测结果，可以有效地降低模型的方差，提高预测的准确性和稳定性。此外，随机森林还具有良好的鲁棒性和可解释性，对于处理缺失数据和异常值等问题也有较好的应对能力。

在临床实践中，利用随机森林进行疾病预测可以为个体提供早期干预和个性化治疗方案。通过对患病风险的准确预测，医生可以及时采取相应的预防措施，延缓疾病的进展，提高患者的存活率和生活质量。

3.高维数据处理

高维数据处理是生物数据分析中的一项重要挑战，尤其在基因表达数据等领域。随机森林作为一种强大的机器学习算法，展现了在处理高维数据和大量特征方面的出色能力并被广泛应用。

生物数据往往具有高度复杂性和高维度，例如，在基因表达数据分析中，每个基因的表达水平都可以看作是一个特征，而样本的数量往往是以千计甚至更高的数量级。面对这样的数据规模，传统的机器学习算法可能会存在维度灾难和过拟合等问题，而随机森林则通过其独特的设计和算法特性，为高维数据的处理提供了有效的解决方案。

随机森林通过引入随机性，如随机选择特征和样本进行建模，使得每棵决策树都是基于不同的数据子集和特征子集进行构建的。这种随机性的引入增加了模型的多样性，降低了模型的方差，并且有效地降低了过拟合的风险。在处理高维数据时，随机森林可以快速建立多棵决策树，并且不需要对特征进行过多的预处理或降维操作，从而节省了计算资源和时间成本。

三、K 最近邻（K-Nearest Neighbors）

（一）K 最近邻（K-Nearest Neighbors，KNN）算法的基本原理

K 最近邻算法是一种经典的基于实例的学习方法，其基本原理简单而直观，并且在实际应用中展现出了出色的效果。KNN 算法的核心思想是基于样本的局部邻近性进行分类或回归，即认为相似的样本在特征空间中具有相似的性质。

1.距离度量

距离度量在 K 最近邻算法中扮演着至关重要的角色，它决定了如何衡量样

本之间的相似性或距离。在 KNN 算法中，距离度量是确定最近邻居的基础，并且会影响分类或回归结果的准确性和可靠性。

常用的距离度量包括欧氏距离、曼哈顿距离、闵可夫斯基距离等。欧氏距离是最常见的一种距离度量，它反映了不同样本在各个维度上的差异程度；曼哈顿距离则是通过样本在各个维度上的坐标差的绝对值之和来度量样本之间的距离，适用于特征之间的城市街区距离；而闵可夫斯基距离是欧氏距离和曼哈顿距离的一般化，可以根据具体情况调整参数来灵活地适应不同的数据分布和特征结构。

在 KNN 算法中，距离度量的选择直接影响了最终的分类或回归结果。一般来说，对于不同类型的数据和问题，需要选择合适的距离度量方法。例如，在处理连续型特征和数据分布较为均匀的情况下，欧氏距离通常是一个不错的选择；而在处理离散型特征或者存在异常值的情况下，曼哈顿距离可能更为合适。

此外，距离度量的计算复杂度也是需要考虑的因素之一。在处理大规模高维数据时，需要选择计算效率高、时间复杂度低的距离度量方法，以提高算法的运行效率和性能。

2.K 个"最近邻居"的确定

确定 K 个"最近邻居"是 K 最近邻算法中的关键步骤之一，直接影响算法的分类或回归结果。在这一步骤中，算法需要计算新样本与训练集中所有样本的距离，并选择距离最近的 K 个样本作为"最近邻居"。

对于分类任务，一旦确定了 K 个"最近邻居"，KNN 算法就会根据这些邻居所属的类别进行投票，将新样本归类为票数最多的类别。这种投票机制保证了新样本的分类结果具有一定的稳定性和准确性。而对于回归任务，则将新样本的输出值设为 K 个最近邻居输出值的平均值。这种回归过程能够有效地利用"邻居"的信息，从而得到对新样本输出值的合理估计。

这一过程基于的假设是"近朱者赤，近墨者黑"，即与新样本距离近的样本在特征空间中具有相似的性质。这一假设是 KNN 算法成功的关键因素之一，它认为样本之间的距离反映了它们之间的相似程度，因此，距离越近的样本在特征空间中具有更相似的性质，从而更有可能属于同一类别或具有相似的输出值。通过利用"最近邻居"的信息，KNN 算法能够实现对新样本的有效分类或回归。

3. 参数 K 的选择

选择适当的 K 值对于 KNN 模型的性能和泛化能力至关重要。K 的取值不仅影响着模型的复杂度和准确性，还直接关系到模型对于噪声和局部特征的敏感程度。

一方面，较小的 K 值可能会导致模型过拟合，即模型过度依赖训练数据中的噪声或异常值。当 K 值较小时，模型对于局部特征的学习更加敏感，容易受到局部噪声的影响，从而导致模型在新数据上的性能下降。因此，在选择 K 值时需要注意避免选择过小的值，以防止模型的过拟合。

另一方面，较大的 K 值可能会导致模型过于简单，无法捕捉数据的局部特征。当 K 值较大时，模型更多地依赖于周围样本的平均值，可能会忽略掉数据中的局部结构信息，导致模型在某些情况下的性能不佳。因此，选择合适的 K 值需要考虑到数据的复杂度和局部特征的重要性，以确保模型能够有效地捕捉数据的本质特征。

为了确定最优的 K 值，通常采用交叉验证等方法。通过在训练数据集上进行交叉验证，可以评估不同 K 值下模型的性能表现，并选择性能最优的 K 值作为最终模型的参数。在交叉验证过程中，可以通过网格搜索等技术来搜索最佳的 K 值，从而使模型具有更好的泛化能力和预测性能。

（二）K 最近邻算法在生物数据分析中的应用

K 最近邻算法在生物数据分析领域具有广泛的应用，尤其在基于基因表达数据的样本分类或聚类分析方面。基因表达数据包含了生物体内基因在特定条件下的表达水平信息，对于了解细胞功能、疾病机制等具有重要意义。以下是 KNN 算法在生物数据分析中的应用情景及特点：

1. 样本分类

基因表达数据反映了生物体内基因在特定条件下的表达水平，是理解生物体内基因功能和调控机制的重要数据来源之一。利用 KNN 算法对基因表达数据进行样本分类，能够帮助研究人员在生物医学领域实现诸如肿瘤分类、药物反应预测等重要应用。

肿瘤分类是基因表达数据样本分类的一个典型应用。肿瘤是一种高度异质性的疾病，不同类型的肿瘤可能具有不同的基因表达模式。通过收集肿瘤组织样本的基因表达谱数据得到样本，研究人员可以利用 KNN 算法将这些样本进行分类，以识别不同类型的肿瘤。例如，乳腺癌可以分为雌激素受体阳性和阴性、HER2 阳性和阴性、三阴性等不同类型，每种类型的乳腺癌具有不同的治疗方案和预后。通过基因表达数据的分类，医生可以根据患者的基因型和分子亚型制定更加个性化的治疗方案，提高治疗效果和患者的存活率。

另外，KNN 算法还可用于其他生物学领域的样本分类任务，如药物反应预测、疾病风险评估等。例如，基于个体基因表达数据，可以预测患者对某种药物的反应情况，从而指导临床用药。此外，在遗传疾病的研究中，KNN 算法也可以用于评估个体患某种疾病的风险，为早期预防和干预提供依据。

2. 样本聚类

在生物学研究中，样本聚类分析是一项重要的任务，它可以帮助研究人员揭示样本之间的相似性和差异性，从而识别出不同生物学实体之间的关联，并为进一步的生物学研究和医学实践提供重要参考。

基于 KNN 算法的样本聚类分析通常是基于样本之间的特征相似性来进行的。在基因表达数据的聚类分析中，每个样本都可以表示为一个基因表达谱，即基因的表达水平。KNN 算法通过计算样本之间的特征相似性（通常是基于欧氏距离、曼哈顿距离等距离度量方法），将相似的样本归类到同一个群集中。这样的聚类分析可以帮助研究人员发现潜在的生物学群体或亚型，揭示它们之间的共同特征和差异，以及它们在生物学过程中的作用和意义。

举例来说，在药物研发领域，基于 KNN 算法的样本聚类分析可以应用于药物反应的样本。收集不同个体对某种药物治疗后的基因表达数据作为样本，研究人员可以对这些样本进行聚类分析，以发现不同药物反应模式的样本亚型。这有助于区分对药物具有良好反应的个体群体和对药物具有不良反应或无反应的个体群体，为个性化药物治疗提供依据和指导。

3. 算法特点

（1）简单易懂

KNN 算法在生物数据分析中以其简单易懂的特点而闻名。这种算法的原理直观简单，易于理解和实现，即使是非专业人员也能够轻松上手。其核心思想是基于邻近性进行分类或聚类，即认为距离较近的样本在特征空间中具有相似的性质。这种直观的分类方式使得 KNN 算法在生物数据分析中被广泛应用，尤其是在需要快速探索数据特征的初步阶段或对于简单数据集的处理中。

（2）应用广泛

KNN算法的适用范围非常广泛，特别适用于各种类型的生物数据。生物学研究中涉及的数据类型多种多样，包括基因表达数据、蛋白质相互作用网络数据、基因组学数据等等。由于KNN算法不对数据的分布做出假设，因此可以灵活地应用于不同类型的数据集，为生物学家提供了一种通用的工具，用于探索和分析生物数据。

（3）非参数方法

KNN算法是一种非参数方法，与一些基于参数假设的方法相比，KNN不需要对数据的分布做出假设，因此更加灵活。这意味着KNN算法在处理生物数据时不会受到数据分布的限制，适用于各种类型的数据集，无论是符合正态分布还是非正态分布的数据。这种非参数方法的特点使得KNN算法在生物数据分析中具有较强的通用性和适用性。

（4）局部性原理

KNN算法基于局部性原理进行分类或聚类，即假设样本在特征空间中的局部邻近性决定了它们的类别或群集。这意味着KNN算法能够很好地捕捉数据的局部特征，对于具有局部性结构的数据集具有较好的表现。在生物学研究中，许多生物过程都具有局部性特征，KNN算法在生物数据分析中具有重要作用，能够揭示生物数据中的局部规律和相互关联性。

第三节　深度学习和神经网络在生物数据中的使用

一、深度学习和神经网络在生物数据分析中的优势和挑战

（一）深度学习和神经网络在生物数据分析中的优势

1. 处理复杂的非线性关系

传统的线性模型往往难以准确地捕捉生物数据中复杂的非线性关系，尤其是在基因表达模式和蛋白质相互作用网络等领域。深度学习和神经网络通过多层次的神经元连接和激活函数的作用，能够逐步提取数据中的高阶特征，并建立起复杂的非线性映射关系，从而更准确地描述生物数据之间的相互作用和

关联。

在基因表达模式分析中，深度学习模型能够有效地捕捉基因之间复杂的非线性调控关系。基因表达数据往往是高维度的，包含了大量基因的表达量信息，而这些基因之间可能存在着复杂的调控网络。传统的线性模型可能无法很好地描述这种复杂的非线性关系，而深度学习模型可以通过多层次的神经元连接和激活函数的作用，从数据中学习到更深层次的特征表示，进而建立起基因之间复杂的非线性关联。

在蛋白质相互作用网络的分析中，深度学习模型也展现出了强大的非线性建模能力。蛋白质相互作用网络反映了生物体内蛋白质之间的相互作用关系，这种关系可能是高度复杂和非线性的。深度学习模型可以通过学习数据中的蛋白质序列信息、结构信息以及功能信息，逐步构建起蛋白质之间的非线性相互作用模型，从而帮助研究人员更好地理解和预测蛋白质之间的相互作用关系。

2. 处理大规模数据

基因组数据和蛋白质组数据等生物数据往往包含了成千上万个基因或蛋白质的表达量或序列信息，因此具有非常高的维度。传统的机器学习方法可能会存在维度灾难和过拟合等问题，难以充分利用大规模数据中蕴含的信息。

相比之下，深度学习模型在处理大规模数据时表现出色。其主要优势在于能够自动学习数据的表示和特征表达，克服了传统机器学习方法中需要手动设计特征的局限性。深度学习模型具有大量的参数，可以充分利用大规模数据中的信息，并通过反向传播算法进行训练，从而学习到更复杂的数据表示。通过多层次的神经元连接和激活函数的作用，深度学习模型能够逐步提取数据中的高阶特征，建立起复杂的非线性映射关系，从而更准确地描述生物数据之间的关系和规律。

在基因组数据分析中，深度学习模型能够有效地学习到基因之间的复杂关联和调控网络，从而提高基因表达模式分析和基因功能预测的准确性。在蛋白质组数据分析中，深度学习模型可以充分利用蛋白质序列、结构和功能等信息，建立起蛋白质之间的相互作用网络，从而揭示蛋白质之间的相互作用关系和生物学功能。

3. 自动学习特征表示

传统的机器学习方法在处理生物数据时，通常需要依赖该领域专家手动设计特征。这种方法存在一些问题，例如特征选择困难、特征工程繁琐等，尤其是在面对大规模、高维度的生物数据时，人工设计特征的复杂度和耗时性会显著增加。相比之下，深度学习模型以其自动学习特征表示的能力，在生物数据分析中展现出了独特的优势。

深度学习模型通过层层堆叠的神经网络结构，能够自动从数据中学习到更高级别的特征表示。以卷积神经网络（CNN）和循环神经网络（RNN）为代表的深度学习结构，通过对数据的空间和时间结构进行建模，能够逐步提取数据中的抽象特征，从而不再依赖于人工定义的特征。CNN 主要应用于处理空间数据，例如图像和基因组序列数据，而 RNN 则适用于处理时间序列数据，例如蛋白质序列和生物事件的时间序列。

深度学习模型的自动学习特征表示能力为生物数据分析提供了更大的灵活性和适用性。通过学习到的特征表示，深度学习模型能够更好地捕捉数据中的复杂模式和关系，从而提高模型的预测性能和泛化能力。此外，深度学习模型的端到端学习方式使得整个模型的优化更加统一和高效，无须手动设计特征和处理数据，大大简化了分析流程并减少了人工干预的需求。

在生物数据分析领域，深度学习模型已经被广泛应用于基因组学、蛋白质组学、药物发现等方面。例如，在基因组学中，深度学习模型可以自动学习基因表达模式和 DNA 序列的特征表示，从而提高了基因功能预测和基因组分类的准确性。在蛋白质组学中，深度学习模型能够有效地学习蛋白质序列和结构的特征表示，从而推断蛋白质的功能和相互作用关系。这些应用案例表明，深度学习模型的自动学习特征表示能力为生物数据分析提供了全新的解决方案，有望推动生物学研究进入更深层次和更广泛的发展阶段。

（二）深度学习和神经网络在生物数据分析中的挑战

1. 数据需求量大

（1）生物实验数据获取成本高昂

深度学习模型需要大量的标注数据来进行训练，然而在生物数据分析领域，获取高质量的标注数据往往面临着诸多挑战，其中之一就是实验数据获取成本高昂。生物实验技术如基因测序、蛋白质质谱等的费用通常较高，这在一定程度上限制了生物数据的获取和标注。特别是对于大规模的生物实验项目，需要投入大量的资金和资源来进行实验数据的采集，这对于许多研究机构和实验室来说可能是一项不小的挑战。

生物实验数据的高昂成本主要涉及设备和材料的购买、实验室设施的维护和运营、专业人员的培训和工资等方面。例如，进行基因测序实验可能需要先进的测序仪器、昂贵的试剂盒和耗材，同时还需要具备相应的实验室环境和技术支持。这些设备和材料的购买和使用成本往往是生物实验数据获取的主要开销之一。此外，实验数据的质量和准确性也受到实验条件、操作技术和实验人员经验等因素的影响，不同实验室之间可能存在着数据质量的差异，这进一步增加了数据获取的成本和难度。

面对生物实验数据获取成本高昂的挑战，研究人员和机构可以通过采取一系列策略来应对。例如，可以与其他实验室或研究机构合作，共享实验设备和资源，降低数据获取的成本；另外，也可以利用新兴的高通量技术和自动化实验平台来提高实验效率和数据质量，从而降低实验成本；此外，政府和基金会可以提供资金支持和补贴，鼓励生物数据获取的研究和开发，从而推动生物学研究的进步和发展。

（2）数据多样性和复杂性

生物数据具有高度的多样性和复杂性，这也是导致数据需求量大的一个重要因素。生物数据涵盖了基因组、蛋白质组、代谢组等多个层面的信息，而且在不同生物体和组织中可能存在着巨大的变异性。例如，同一基因在不同个体中可能表现出不同的表达模式，同一蛋白质在不同细胞环境中可能具有不同的功能和相互作用网络。因此，为了建立有效的深度学习模型，需要涵盖尽可能多的生物数据样本，覆盖不同物种、不同组织和不同条件下的数据，以确保模型具有较好的泛化能力和适应性。

面对生物数据的多样性和复杂性，研究人员需要采取多种策略来应对。首先，可以通过整合和共享公开数据库中的生物数据来扩充训练数据集，首先，NCBI、EBI 等国际知名的生物信息数据库中包含了丰富的基因组、蛋白质组和代谢组数据，可以为深度学习模型提供大量的训练样本。其次，可以采用数据增强和数据合成等技术来扩充数据集，例如，通过基因表达数据的扰动和变换生成新的样本，从而增加数据的多样性和覆盖范围。此外，还可以利用迁移学习和半监督学习等方法，利用已有数据集中的信息来辅助模型在新任务上的学习，从而降低数据需求量，提高模型的性能和效率。

（3）标注数据的质量和准确性

生物数据的标注数据质量和准确性对于深度学习模型的训练和性能至关重要。然而，在生物数据分析中，由于数据来源的多样性和复杂性，标注数据的质量往往难以保证。首先，生物数据的采集和标注过程可能受到实验操作、技术经验或样本质量的影响，使得标注数据的准确性和一致性存在一定程度的不确定性。例如，在基因表达数据标注过程中，可能存在实验误差、测量偏差或数据丢失等问题，这些因素都会影响标注数据的质量。其次，生物数据的复杂性和多样性也增加了标注数据的难度，最后，基因功能的注释和蛋白质相互作用的标记需要专业的知识和经验，可能需要进行多轮的验证和修正才能确保其准确性。

2. 模型解释性差

第一，深度学习模型通常被视为黑盒模型，其内部的决策过程和特征表示难以解释。深度学习模型由多层次的神经元连接组成，每一层都对数据进行一系列复杂的非线性变换，从而学习到数据的高级特征表示。然而，这些特征表示往往是由大量参数和复杂的网络结构共同决定的，导致模型的内部机制难以被理解。例如，在基因组学研究中，深度学习模型可以从基因表达数据中学习到复杂的表达模式，但是模型是如何从原始数据中提取这些特征的，以及这些特征是如何影响最终预测结果的，这些往往是不可解释的。

第二，深度学习模型通常采用端到端的训练方式，即将原始数据直接输入模型进行训练，而不需要手动设计特征。这种自动学习特征表示的方式使得模型更加适用于复杂的生物数据，但也增加了模型的不可解释性。传统的机器学习方法通常需要依赖人工设计的特征来进行建模，这些特征可以被解释和理解，但深度学习模型学习到的特征表示往往是抽象和隐含的，很难直观地解释其含义。

第三，深度学习模型的复杂性和非线性特征使得其决策过程更加难以被理解。深度学习模型由多层次的神经元连接组成，每一层都对数据进行一系列复杂的非线性变换，从而学习到数据的高级特征表示。这种复杂的网络结构和参数量大大增加了模型的复杂性，导致其决策过程难以被解释。例如，在生物图像分析中，深度学习模型可以用于识别和分类细胞图像，但是模型是如何从原始图像中提取特征以及这些特征如何影响最终的分类结果，往往是不可解释的。

二、深度学习在生物学领域的前沿研究和应用案例

（一）基因组学

在基因组学领域，深度学习的应用具有广泛的前景，涵盖了 DNA 序列分析、基因表达模式识别、基因功能注释等多个方面。

1.DNA 序列分析

DNA 序列分析在生物学和基因组学研究中具有重要意义，而深度学习模型的应用为 DNA 序列分析提供了一种高效而准确的方法。尤其是卷积神经网络（CNN），已经被广泛用于 DNA 序列中的功能元件识别和预测。这些功能元件包括启动子、转录因子结合位点等，它们在基因的转录调控和表达中发挥着重要的作用。通过训练 CNN 模型，研究人员可以有效地识别 DNA 序列中的这些功能元件，为基因功能的注释和研究提供了重要工具。

深度学习模型在 DNA 序列分析中的应用主要得益于其对序列数据的优异特征提取能力。CNN 模型通过多层次的卷积和池化操作，可以逐渐提取出 DNA 序列中的局部特征和全局模式，从而实现对功能元件的准确识别。相比传统的基于规则或特征工程的方法，深度学习模型能够更好地捕捉 DNA 序列中的复杂特征和模式，提高了分析的准确性和鲁棒性。

深度学习模型在 DNA 序列分析中另一个的优势是其自动学习特征表示的能力。传统的基于特征工程的方法通常需要人工设计和选择特征，而深度学习模型可以直接从原始数据中学习到特征表示，减少对领域知识的依赖和人工干预的需求。这使深度学习模型能够更好地适应不同类型和长度的 DNA 序列，提高了模型的泛化能力和适用性。

2. 基因表达模式识别

基因表达数据的分析对于理解生物系统的功能和调控机制至关重要，而深度学习模型在基因表达模式识别方面展现出了强大的潜力。特别是适用于序列数据的循环神经网络（RNN），在基因表达模式的时间序列分析中具有独特的优势。通过 RNN 等模型，可以深入挖掘基因在不同条件下的表达模式变化，揭示基因调控网络的动态变化过程，为生物学研究提供了重要的信息。

基因表达数据往往具有高维度和复杂性，包含了大量基因在不同条件下的

表达水平。传统的统计方法或线性模型往往难以捕捉这种复杂的动态变化关系，而 RNN 能够有效地处理序列数据，并捕捉数据之间的时间依赖关系。通过在 RNN 中引入适当的时间序列结构，可以建立基因表达数据的动态模型，从而揭示基因调控过程中的动态变化规律。

3. 基因功能注释

深度学习作为一种强大的机器学习方法，被广泛应用于基因功能注释的任务中，其能够从大规模的生物数据中学习到基因之间的关联规律，为生物学研究提供了新的线索和方向。

基因功能注释的任务包括预测基因的功能和相互作用关系，例如预测基因的功能通路、生物学过程、分子功能，以及预测基因之间的相互作用关系，如蛋白质—蛋白质相互作用、基因调控网络等。通过深度学习模型，可以对这些复杂的关联进行学习和预测，其结果为研究人员提供了重要的参考和指导。

深度学习模型在基因功能注释中的应用具有以下优势。首先，深度学习模型能够从大规模的生物数据中学习到复杂的非线性关系和模式，无须人为定义特征或假设数据分布，从而能够更准确地捕捉基因之间的潜在规律和特征。其次，深度学习模型具有很强的泛化能力，能够处理不同类型和来源的生物数据，并且能够适应数据的多样性和复杂性。最后，深度学习模型还能够处理高维度的数据，包括基因表达数据、蛋白质序列数据等，为基因功能注释提供了更全面的信息。

（二）蛋白质组学

在蛋白质组学领域，深度学习的应用主要集中在蛋白质结构预测、蛋白质相互作用预测等方面。

1. 蛋白质结构预测

深度学习模型在蛋白质结构预测中展现出了强大的潜力，尤其是循环神经网络（RNN）和卷积神经网络（CNN）等模型，它们可以从蛋白质序列或结构数据中学习到高度抽象的特征表示，进而实现对蛋白质结构的准确预测。

第一，对于蛋白质的二级结构预测，深度学习模型能够有效地识别和预测蛋白质中的 α – 螺旋、β – 折叠、无规卷曲等结构元素。通过 RNN 等模型对蛋白质序列进行建模，可以捕捉序列中的长程依赖关系和序列间的相互作用，从而实现对蛋白质二级结构的准确预测。

第二，对于蛋白质的三维结构预测，深度学习模型也展示出了令人瞩目的成果。CNN等模型可以从蛋白质的序列或结构数据中提取局部特征，并在多个层次上逐步构建蛋白质的三维结构表示。此外，基于图神经网络（GNN）的模型也可以将蛋白质的结构表示为图形结构，并利用图卷积等操作进行结构预测和优化。

深度学习模型在蛋白质结构预测中的应用还面临一些挑战。例如，蛋白质的结构受到多种因素的影响，包括物理化学性质、溶剂环境等，这些因素的复杂性使得结构预测任务具有一定的难度。此外，由于蛋白质结构的高度多样性，模型需要具备较强的泛化能力和鲁棒性才能适用于不同类型的蛋白质。

2. 蛋白质相互作用预测

理解蛋白质相互作用对于揭示细胞信号传导、代谢调节、基因表达等生物学过程具有至关重要的意义。而深度学习模型的应用为蛋白质相互作用预测提供了一种新的方法，通过学习大规模的蛋白质相互作用网络中的模式和规律，深度学习模型能够预测新的蛋白质相互作用关系，从而为生物学研究提供了新的认识和突破。

深度学习模型在蛋白质相互作用预测中的优势主要体现在以下几个方面：

第一，深度学习模型具有强大的非线性建模能力，能够处理复杂的蛋白质相互作用网络中存在的非线性关系。相比传统的线性模型或浅层神经网络，深度学习模型能够更好地捕捉蛋白质之间的复杂相互作用关系，提高预测的准确性和鲁棒性。

第二，深度学习模型能够自动学习特征表示，无须依赖人工设计的特征。在蛋白质相互作用预测任务中，深度学习模型可以从大量的蛋白质序列和结构数据中学习到蛋白质的高级特征表示，从而更好地捕捉蛋白质之间的相互作用模式。

第三，深度学习模型还可以集成多种数据源进行融合学习，包括蛋白质序列、结构、功能注释等多种信息。通过综合考虑多种数据源的信息，深度学习模型能够更全面地理解蛋白质的特性和功能，提高相互作用预测的准确性和可靠性。

（三）医学影像分析

在医学影像分析领域，深度学习已经成为一个重要的工具，广泛应用于病灶检测、疾病诊断、手术规划等任务中。

1. 病灶检测

医学影像数据通常包含 X 射线、MRI、CT 等各种模态，这些数据呈现出丰富的图像特征，但其中蕴含的信息往往难以被传统方法有效地提取和分析。深度学习模型能够通过学习这些数据的高级特征表达，从而实现对异常区域的精准检测。

CNN 作为深度学习模型的代表之一，在医学影像分析中发挥着重要作用。通过多层卷积和池化操作，CNN 能够逐步提取影像中的局部特征，并通过多层次的特征抽象，实现对病灶区域的检测和定位。在训练过程中，CNN 通过大量医学影像数据进行端到端的训练，不断优化网络参数，从而使网络能够学习到对病灶具有判别性的特征表示。

深度学习模型在病灶检测任务中的应用已经取得了令人瞩目的成果。例如，在肿瘤检测方面，研究人员利用 CNN 模型对肿瘤影像进行分析，实现了对肿瘤的自动检测和分割，为医生提供了有力的辅助工具。此外，在其他疾病的检测中，如心血管疾病、神经系统疾病等，深度学习模型也展现出了优异的性能。

2. 疾病诊断

疾病诊断是医学影像分析中至关重要的任务之一，而深度学习模型的应用为实现自动化、高效、准确的诊断提供了新的可能性。通过深度学习模型，特别是卷积神经网络等模型，医学影像数据可以被有效地分析和解释，从而实现对不同疾病的自动诊断和分类。

在医学影像中，不同的疾病通常表现为特定的影像模式和特征，这些特征对于医生来说可能是微妙且难以察觉的。然而，深度学习模型能够通过学习大量医学影像数据，自动从中提取并学习到这些特征，从而实现对疾病的准确诊断。例如，针对肺部疾病，CNN 可以学习到肺部结构的特征，并识别肺部病变的位置和类型；对于心血管疾病，CNN 可以分析心脏影像，识别心脏结构和功能异常，辅助医生进行疾病诊断。

深度学习模型在疾病诊断中的应用不仅可以提高诊断的准确性，还可以提高诊断的效率和速度。传统的医学影像诊断需要医生对大量影像数据进行观察和分析，而深度学习模型可以实现对影像数据的自动化分析和处理，从而节省医生的时间和精力，并且减少诊断的时间延迟。

尽管深度学习模型在疾病诊断中表现出了巨大的潜力，但其应用仍面临一些挑战。例如，模型的泛化能力和鲁棒性需要进一步提升，以应对不同疾病和不同数据来源的影响；此外，模型的解释性仍然是一个研究热点，如何使深度学习模型的诊断结果更具解释性和可信度，也是当前研究的重要方向之一。

3. 手术规划

在医学影像分析领域，深度学习的应用不仅局限于病灶检测和疾病诊断，还可以在手术规划过程中发挥关键作用。通过深度学习模型对患者的影像数据进行细致分析和处理，可以为手术提供精确的解剖结构信息和三维重建模型，为医生制定更安全、更有效的手术方案提供重要支持。

在神经外科手术中，深度学习模型可以为医生提供精准的解剖结构信息，帮助他们更好地理解患者的病情。例如，通过深度学习算法对神经影像数据进行分析，可以准确识别和定位神经组织、脑血管等重要结构，为手术定位提供可靠的辅助。深度学习模型还可以评估患者的解剖结构与手术方案之间的匹配程度，预测手术风险，从而帮助医生制订个性化的手术计划。

除了神经外科手术，深度学习在其他领域的手术规划中也具有广泛的应用前景。例如，在心脏外科手术中，深度学习模型可以分析心脏影像数据，评估心脏结构和功能异常，并帮助医生选择最佳的手术方案；在整形外科手术中，深度学习模型可以生成患者的三维面部模型，帮助医生进行术前仿真和规划，从而提高手术的精确性和美学效果。

第五章　基因组学数据分析

第一节　基因组测序数据的处理和分析

一、基因组测序数据的预处理步骤和工具

基因组测序数据的预处理是基因组学研究中的关键步骤之一，其目的是去除测序过程中的噪音和错误，准确地提取出基因组信息。预处理步骤包括质量控制、序列比对、序列修剪等。

（一）质量控制（Quality Control）

质量控制是基因组测序数据预处理的首要步骤。它旨在评估和检查测序数据的质量，识别并修剪掉可能影响后续分析结果的低质量序列。常见的质量控制工具包括：

1. FastQC

FastQC 是一种被广泛使用的质量控制工具，用于评估 FASTQC 格式的测序数据的质量。它生成的质量报告中包括序列长度分布、碱基质量分布、过度表示序列等信息，可以帮助用户识别数据中存在的质量问题。

2. Trimmomatic

Trimmomatic 是一个用于序列修剪和过滤的工具，可以根据用户设定的参数对测序数据进行处理，去除低质量碱基、接头序列和 PCR 重复序列等。

（二）序列比对（Sequence Alignment）

序列比对是将测序得到的短序列片段与参考基因组进行比对，以确定其在基因组中的位置。这是基因组学研究中常用的关键步骤之一，其目的是将原始测序数据转化为对齐到参考基因组的序列数据，以便后续的变异检测、基因组

结构分析等。常用的序列比对工具包括：

1. Bowtie/Bowtie2

Bowtie 是一种快速的、内存效率高的序列比对工具，适用于短序列的比对。Bowtie2 是 Bowtie 的升级版本，支持更长的序列比对和更大的参考基因组。

2. BWA（Burrows-Wheeler Aligner）

BWA 是一种常用的序列比对工具，具有较高的比对准确性和效率，特别适用于长序列的比对，如全基因组测序数据。

3. STAR（Spliced Transcripts Alignment to a Reference）

STAR 是一种专门用于 RNA 测序数据比对的工具，具有高速和高精度的特点，尤其适用于对转录组数据的比对分析。

（三）序列修剪（Sequence Trimming）

序列修剪是为了去除测序数据中的低质量碱基、接头序列和 PCR 重复序列等，并确保序列数据的质量和可靠性。常见的序列修剪工具包括：

1. Trimmomatic

除了质量控制外，Trimmomatic 还可以执行序列修剪命令，去除测序数据中的低质量碱基和接头序列，以及修剪掉末端的低质量碱基。

2. Cutadapt

Cutadapt 是另一个常用的序列修剪工具，主要用于去除测序数据中的接头序列和 PCR 重复序列。它支持灵活的参数设置，适用于不同类型的测序数据。

二、基因组测序数据分析的常用方法和流程

基因组测序数据的分析包括基因定位、变异检测、基因表达分析等多个方面。

（一）基因定位

基因定位是基因组测序数据分析的首要任务，其目的是确定测序数据中基因的位置和结构。常用的基因定位方法包括：

1. 序列比对（Sequence Alignment）

通过将测序数据中的短序列片段与参考基因组进行比对，确定这些序列片段在基因组中的位置。

2. 基因结构预测

基因结构预测是指根据已知的基因和转录本信息，预测新的基因的位置、外显子和内含子结构等。常用的工具包括 Augustus、GeneMark、Glimmer 等。

（二）变异检测

变异检测是基因组测序数据分析的重要组成部分，其目的是识别基因组中的各种变异类型，例如单核苷酸多态性（SNP）、插入缺失（Indels）等，从而发现与疾病相关的基因和变异。常用的变异检测方法包括：

1. 单核苷酸多态性（SNP）检测

通过比对测序数据与参考基因组的差异，识别基因组中的 SNP 位点。常用的 SNP 检测工具包括 GATK、Samtools 等。

2. 插入缺失（Indels）检测

识别基因组中的插入和缺失的 DNA 片段，这些变异可能与疾病的发生和发展相关。常用的 Indels 检测工具包括 GATK、VarScan 等。

（三）基因表达分析

基因表达分析是通过 RNA 测序数据分析基因的表达水平和差异表达基因，以揭示与疾病相关的基因表达模式和通路。常用的基因表达分析方法包括：

1. 表达水平分析

计算基因在不同样本中的表达水平，并比较其差异。常用的工具包括 DESeq2、edgeR 等。

2. 差异表达基因分析

识别在不同条件下表达水平显著变化的基因，这些基因可能与疾病的发生和发展密切相关。常用的工具包括 DESeq2、edgeR 等。

第二节　基因功能注释和通路分析

一、基因功能注释的原理和方法

基因功能注释是对基因的功能和相互作用关系进行预测和解释的过程。常用的方法包括：

（一）基因本体学（Gene Ontology，GO）分析

1. 基因本体学简介

基因本体学是一种用于描述基因和基因产品功能的标准化系统。它利用层次化的结构将基因功能划分为不同的类别，并提供了一套标准化的术语和标签，以便科研人员对基因进行功能注释和分类。基因本体学通常由三个主要方面组成：分子功能（Molecular Function）、生物过程（Biological Process）、细胞组分（Cellular Component）。通过基因本体学分析，研究人员可以了解基因之间的功能关联，揭示生物学过程中的调控机制和相互作用网络。

2. 基因功能注释与分类

基因本体学的核心是基因的功能注释与分类。在基因功能注释中，研究人员将已知的基因功能信息与基因本体学的术语进行关联，从而将基因分类到不同的功能类别中。这种分类有助于研究人员理解基因的功能特点，预测基因在生物学过程中的作用，以及探索基因之间的相互关系。通过分析基因的功能注释，可以对基因在细胞活动、生物学过程和分子功能方面的作用有更深入的了解。

3. 基因功能预测与生物学解释

除了基因的功能注释和分类外，基因本体学还可以用于预测基因的功能。通过对基因本体学术语和基因表达数据的关联分析，研究人员可以推断出基因的功能特征，从而为基因功能预测提供重要线索。基因功能预测不仅有助于揭示基因在生物学过程中的作用，还可以为研究人员提供理解基因调控网络和疾病机制的新视角。基于基因本体学的功能预测结果，研究人员可以进行生物学解释，进一步探索基因与疾病之间的关系，以及基因在疾病发展中的作用机制。

（二）基因调控网络分析

1. 基因调控网络分析简介

基因调控网络分析是生物信息学和系统生物学领域的重要研究方法之一，旨在揭示基因之间的调控关系以及这些调控关系在生物学过程和疾病发展中的作用。通过构建基因调控网络，研究人员可以深入理解基因调控的复杂性，探索基因之间的相互作用和调控模式，从而为疾病诊断、治疗和药物研发提供重要的理论支持和实验指导。

2. 基因调控网络的构建

构建基因调控网络的关键是整合多种生物学数据，包括基因表达数据、转录因子结合数据、miRNA 调控数据等。首先，研究人员根据实验数据或文献报道，确定基因之间的调控关系，如转录因子对基因的调控、miRNA 对基因的调控等。其次，利用这些信息构建基因调控网络，以基因作为节点，调控关系作为边，形成一个复杂的网络结构。最后，通过网络分析算法对基因调控网络进行拓扑结构分析、模块识别和关键基因预测，以揭示网络的特征和生物学意义。

3. 基因调控网络分析的应用

基因调控网络分析在生物医学研究中具有广泛的应用价值。首先，基因调控网络可以用于识别关键调控基因和调控模块，从而揭示调控网络的关键节点和调控路径。其次，基因调控网络可以用于疾病的发病机制研究，通过比较健康组织和疾病组织中的调控网络差异，发现潜在的疾病相关基因和调控通路。此外，基因调控网络还可以用于药物靶点的筛选和药物作用机制的解析，为药物研发和疾病治疗提供重要参考。

二、生物通路分析在基因组学研究中的应用

生物通路分析是研究生物学过程中各种分子间相互作用和调控关系的一种方法。在基因组学研究中，生物通路分析可以用于：

（一）疾病机制研究

疾病机制研究是生物医学领域中的核心课题之一，了解疾病的发生和发展机制对于疾病的预防、诊断和治疗具有重要意义。生物通路分析作为一种关键的研究方法，在揭示疾病机制中扮演着重要的角色。

1. 疾病相关通路的变化分析

在疾病机制研究中，对与特定疾病相关的信号通路进行分析是理解疾病发生和发展的关键一步。以癌症为例，癌症是一类高度异质性的疾病，其发生和发展过程涉及多种信号通路的异常变化。通过生物通路分析，可以识别出与肿瘤发生相关的信号通路，如细胞凋亡通路、细胞周期调控通路等。这些信号通路在正常情况下起着维持细胞稳态和功能的重要作用，但在癌症中常常出现异常变化，导致细胞不受控制地生长和增殖。

（1）信号通路的识别和筛选

研究人员需要收集疾病患者和正常对照组的生物样本，如组织样本、血液样本等，并提取其中的核酸或蛋白质。然后，利用高通量测序技术或蛋白质组学技术，对这些样本进行全面的分析，包括基因表达谱、蛋白质表达谱等。通过生物信息学分析，可以确定与疾病发生和发展相关的信号通路，如通过基因差异分析、功能富集分析等方法识别出在疾病组织中显著上调或下调的信号通路。

（2）异常信号通路的功能分析

在识别出与疾病相关的信号通路后，研究人员需要进一步分析这些通路的功能和调控机制。这可以通过生物通路数据库的查询和分析来实现，比如 Gene Ontology（GO）数据库、Kyoto Encyclopedia of Genes and Genomes（KEGG）数据库等。研究人员可以将识别出的信号通路与已知的生物通路进行比对，分析其在细胞生物学过程中的功能和调控作用。这有助于理解异常信号通路的具体功能和其在疾病发生中的作用机制。

（3）信号通路的异常变化与疾病发病机制的关联分析

研究人员需要将识别出的异常信号通路与疾病的发病机制进行关联分析。这可以通过综合考虑基因调控网络、信号转导通路、蛋白质相互作用网络等方面的信息实现。通过深入研究异常信号通路在疾病发生和发展过程中的具体作用，可以找到疾病发病机制的关键环节和调控节点，为疾病的诊断和治疗提供新的思路和方法。

2. 肿瘤细胞生长和增殖机制的揭示

（1）增殖通路的激活

肿瘤细胞不受控制地生长和增殖是癌症的关键特征之一。生物通路分析表明，肿瘤细胞往往通过激活增殖相关的信号通路来实现其异常增殖。这些通路包括 PI3K/AKT/mTOR、RAS/MAPK 等，它们在肿瘤细胞中被过度激活，导致细胞周期的异常调节和细胞增殖的持续进行。通过深入研究这些通路的调控机制，可以发现新的治疗靶点，为肿瘤治疗提供新的方向。

（2）凋亡通路的抑制

除了增殖通路的激活外，肿瘤细胞还往往表现出对凋亡的抗性。生物通路分析揭示了在癌症细胞中凋亡通路的异常抑制现象。这些通路包括 Bcl-2 家族通路、

PI3K/AKT 等，它们的异常活化可以有效抑制细胞的凋亡，增强肿瘤细胞的存活能力，进而促进肿瘤的生长和扩散。

（3）转移相关通路的调节

肿瘤的转移是癌症治疗中的一个主要挑战。生物通路分析可以帮助揭示肿瘤细胞的转移机制。转移相关的信号通路如 Wnt/β-catenin、TGF-β 等在肿瘤细胞中起着重要的调节作用。它们的异常活化促进了肿瘤细胞的迁移、侵袭和转移，导致癌症的远处转移和复发。因此，针对这些通路的治疗策略成为防止肿瘤转移的重要手段，为癌症治疗提供了新的思路和方法。

3. 新靶点和治疗策略的发现

生物通路分析的一个重要应用是发现新的治疗靶点和设计相应的治疗策略，这为疾病治疗提供了新的希望和方向。在癌症研究中尤其如此，通过分析异常的信号通路，研究人员可以确定潜在的治疗靶点，并设计针对性的治疗策略。

（1）治疗靶点的发现

生物通路分析揭示了许多在疾病发生和发展过程中异常活化或抑制的信号通路。这些信号通路中的关键分子或通路节点往往可以成为治疗的潜在靶点。例如，针对肿瘤细胞中过度活化的增殖通路，可以设计小分子抑制剂或抗体药物来抑制相关分子的活性，从而抑制肿瘤细胞的生长和增殖。这些新的治疗靶点为开发新的抗癌药物提供了重要线索。

（2）治疗策略的设计

基于生物通路分析的结果，可以设计相应的治疗策略，以调节信号通路的活性并抑制疾病的发展。例如，针对肿瘤细胞中异常活化的增殖通路，可以设计靶向该通路的药物，如靶向 PI3K、AKT 或 mTOR 的抑制剂，来抑制肿瘤细胞的增殖。此外，针对凋亡通路的异常抑制，可以设计增强凋亡信号的药物如 Bcl-2 抑制剂，来促进肿瘤细胞的凋亡。这些治疗策略的设计需要结合生物通路分析的结果和药物研发的技术，以实现精准的治疗效果。

（3）新治疗方案的应用

基于生物通路分析的治疗靶点和治疗策略已经在临床上得到了应用。许多针对特定信号通路的药物已经进入临床试验阶段，并显示出潜在的治疗效果。例如，针对 EGFR 信号通路的抑制剂在治疗肺癌等多种癌症中已经取得了显著的疗效。这些新的治疗方案为疾病的治疗带来了新的希望，为临床医生提供了更多的选择和工具，以更好地对抗疾病。

（二）药物靶点发现

药物靶点发现是药物研发领域的核心环节之一，其目的是确定药物作用的分子靶点，从而揭示药物的作用机制和治疗效果。生物通路分析作为一种重要的研究方法，在药物靶点发现中扮演着关键的角色。

1. 药物筛选过程中的生物通路分析

在药物研发的早期阶段，需要进行大规模的药物筛选以发现具有潜在治疗效果的化合物。生物通路分析可以帮助研究人员识别出与特定疾病相关的信号通路，从而筛选出具有潜在治疗效果的药物靶点。先对患有特定疾病的细胞或动物模型进行药物处理，然后对其进行基因或蛋白质表达分析，可以发现药物与特定通路相关的基因或蛋白质的表达水平的变化。通过生物信息学分析这些变化，可以确定药物的作用通路，为进一步研究药物的作用机制提供线索和方向。

2. 药物作用机制的靶点识别

生物通路分析还可以用于确定药物的作用机制和靶点。通过分析药物与基因或蛋白质相互作用的通路，可以发现药物的作用靶点。例如，在药物分子设计阶段，研究人员可以利用生物信息学技术对药物分子与已知蛋白质结构进行相互作用模拟，并分析这些蛋白质的功能通路。通过比对药物与蛋白质相互作用的通路与已知疾病相关通路的重叠情况，可以确定药物的可能作用机制和靶点，这为药物的设计和研发提供了重要的参考和指导。

3. 新药物的研发和应用

通过生物通路分析确定的药物靶点，可以作为新药物研发和应用的重要依据。针对识别出的药物靶点，研究人员可以设计相应的药物分子结构，利用化学合成或生物工程技术进行药物的设计和合成。然后通过体外和体内试验验证药物的有效性和安全性，并最终将其用于临床试验和临床应用。药物靶点发现为新药物的研发提供了关键的技术和方法支持，为治愈各种疾病提供了新的希望。

第三节　基因组学数据在疾病研究中的应用

一、基因组学数据在疾病诊断、预测和治疗中的应用

（一）个性化医学

1. 个性化医学的背景与概念

传统的医疗模式往往是基于人群统计数据和平均效果而设计的，忽视了患者的独特性和个体差异。这种"一刀切"的治疗方式存在着很多局限性，例如，同一种疾病的治疗方案可能对不同患者产生不同的效果，有些患者可能会出现不良反应或治疗失败的情况。

个性化医学概念的出现，是为了弥补传统医疗模式的不足，并更好地满足患者的需求。个性化医学强调将医学从以"疾病"为中心转变为以"个体"为中心，将治疗焦点从"治疗疾病"转向"维护健康"。这种医学模式强调每个个体的独特性，认为每个患者都有其自身的生物学特征、遗传背景、生活方式和环境因素，因此需要个性化的医疗方案。

基因组学数据的广泛应用是实现个性化医学的关键。随着基因组学技术的不断发展和成本的不断下降，获取个体基因组信息已经变得更加容易和经济实惠。基因组学数据可以为医生提供关于患者遗传特征、药物代谢能力、患病风险等方面的重要信息，帮助医生更准确地诊断疾病、预测疾病的发展趋势，并为患者制定个性化的治疗方案提供依据。

2. 基因组学数据在个性化医学中的应用

基因组学数据的应用不仅能够帮助医生做出更准确的医疗诊断和治疗方案，还能够为患者提供更加个性化的医疗服务，从而实现医疗的精准化和高效化。

第一，基因组学数据在疾病风险评估方面发挥着重要作用。通过分析患者的基因组数据，医生可以准确地评估患者患某种疾病的风险。例如，针对遗传性疾病，医生可以通过检测患者的易感基因，预测其患病的概率，并据此采取相应的预防措施，如生活方式调整、定期筛查等。这种个性化的风险评估能够帮助患者及早发现潜在的患病风险，采取有效的预防和干预措施，从而降低疾

病发生的可能性。

第二，基因组学数据在药物选择和治疗方案定制方面也发挥着关键作用。通过了解患者的药物代谢能力和药物敏感性基因，医生可以选择最适合患者的药物和治疗方案，避免使用对患者无效或有毒副作用的药物，从而提高治疗的效果和安全性。例如，在癌症治疗中，基因组学数据可以帮助医生确定最有效的化疗药物，并预测患者对药物的耐受性，从而制定个性化的治疗方案，提高治疗的成功率和患者的存活率。

第三，基因组学数据还为医生提供了更深入的疾病理解和研究方向。通过分析患者的基因组数据，可以发现与疾病发生和发展相关的新的致病基因，揭示疾病的发病机制和病理生理过程，为疾病的治疗和预防提供新的靶点和策略。因此，基因组学数据的应用不仅可以改善临床诊断和治疗，还可以推动医学科研的进展，促进疾病的早期诊断和个性化治疗的实现。

3. 个性化医学的未来发展

随着基因组学技术的进步和成本的降低，个性化医学将迎来更加广泛和深入的应用，为医学领域带来革命性的变革。

第一，未来个性化医学将更加强调多种医学信息的整合与利用。除了基因组学数据外，个体健康档案将会整合其他临床数据，如生化指标、医学影像等，形成更为全面的个体健康信息。通过综合分析这些数据，医生可以更准确地评估患者的健康状况、患病风险和治疗效果，从而为患者提供更加精准、个性化的医疗服务。

第二，个性化医学将推动医疗决策的智能化和精准化。借助人工智能和机器学习等技术，医疗系统将能够自动分析和解释大规模的医学数据，辅助医生进行诊断和治疗。个性化医学还将为医生提供基于大数据和人工智能的个性化诊疗方案，帮助医生更好地应对复杂的医疗情况，提高医疗服务的质量和效率。

第三，个性化医学将促进医疗服务的普及和国际合作的加强。随着基因组学技术的普及和成本的降低，越来越多的患者将能够享受到个性化医学带来的益处。同时，不同国家和地区的医学研究机构和医疗机构将加强合作，共享医学信息和经验，共同推动个性化医学的发展，实现全球医疗资源的共享和优化利用。

（二）遗传病和罕见疾病的诊断

遗传病和罕见疾病是由基因突变引起的一类疾病，其发病机制与基因组的异常相关。基因组学数据在这些疾病的诊断中扮演着至关重要的角色，为医生提供诊断的新视角和工具。

1. 识别致病基因突变

通过对患者基因组进行测序和分析，医生可以深入研究基因与疾病之间的关联，从而精确地识别出致病基因突变。这一过程涉及的多种先进的基因组学技术和数据分析方法，为疾病的诊断和治疗提供了重要的依据。

第一，基因组测序技术的进步为致病基因突变的识别提供了关键支持。传统的 Sanger 测序技术已被高通量测序技术所取代，如全基因组测序（WGS）和全外显子组测序（WES），这些技术能够迅速、高效地测定患者基因组的所有或部分区域。通过这些测序技术，医生可以获取大量的基因组数据，为识别致病基因突变奠定基础。

第二，数据分析方法的不断创新提高了对致病基因突变识别的准确性和敏感性。随着生物信息学领域的发展，出现了许多针对基因组数据的高级分析工具和算法，如变异调查、拷贝数变异分析和基因突变寻找等。这些方法能够帮助医生从庞大的基因组数据中准确地识别出与疾病相关的致病基因突变，为患者的诊断和治疗提供重要的帮助。

第三，对复杂疾病的研究也使得识别致病基因突变变得更加精细和深入。许多疾病不仅仅是由单个基因的突变引起的，而是由多个基因的相互作用和复杂网络调控所导致的。因此，医生需要利用系统生物学等方法，从整体上理解基因与疾病之间的关系，全面、准确地识别出致病基因突变，为患病的诊断和治疗提供更精准的指导。

2. 预测疾病发展趋势和患病风险

基因组学数据在预测疾病发展趋势和患病风险方面发挥着关键作用，为医生提供了重要的信息，帮助他们更加精准地评估患者的患病风险和预测疾病的发展情况。

第一，通过分析患者的基因组信息，医生可以了解患者患某种遗传病或罕见疾病的概率。基因组中的特定基因或变异可能与某些疾病的发生具有密切关联，因此基因组学数据可以用于评估个体患病风险。例如，对于一些遗传性疾病，特定的基因突变可能会增加患病的风险。通过分析这些遗传因素，医生可以对患者的患病风险进行量化和评估。

第二，基因组学数据还可以帮助预测疾病的发展时间和严重程度。不同基因型和变异可能导致相同疾病的不同临床表现和发展速度。通过了解患者的基因组信息，医生可以预测疾病的发展趋势，包括疾病的发病年龄、发展速度和严重程度。这种预测性信息可以帮助医生制订个性化的治疗方案和监测计划，以便及早干预和管理疾病的发展。

第三，早期的风险评估和疾病发展预测有助于医生制定更加个性化和有效的治疗方案。通过及早识别高风险个体，医生可以采取预防措施或早期干预，延缓疾病的发展或减轻其严重程度。同时，针对不同个体的不同基因型和变异特征，医生可以制订个性化的治疗方案，提高治疗的成功率和患者的存活率。

3. 个性化治疗方案的制订

（1）基因组学数据的精准诊断

基因组学数据的精准诊断为患者提供了更为准确的疾病诊断结果。通过对患者基因组的测序和分析，医生可以了解患者的遗传背景，识别出可能存在的致病基因突变。这种个体化的诊断方法使得医生可以更加全面地了解患者的疾病情况，为制定个性化的治疗方案奠定了基础。

（2）针对性治疗药物的选择

基因组学数据为医生提供了重要的信息，帮助他们针对患者的遗传特征和致病基因突变选择最合适的治疗药物。通过了解患者的药物代谢能力、药物敏感性基因以及可能存在的药物副作用相关基因，医生可以避免使用对患者无效或有毒副作用的药物，从而提高治疗的效果和安全性。例如，在癌症治疗中，针对不同基因型的患者选择不同的靶向药物或免疫治疗药物，可以实现更为个性化和精准地治疗，提高治疗的成功率。

（3）减少治疗副作用，提高生活质量

个性化治疗方案的制订不仅可以提高治疗的效果，还可以最大程度地减少治疗的副作用，提高患者的生活质量。通过针对性地选择治疗药物、调整药物剂量或选择适合的手术方案，医生可以减少治疗过程中的不良反应和并发症，降低治疗的风险，从而使患者能够更好地耐受治疗过程，减少身体和心理的负担，提高生活的舒适度和满意度。

二、基因组学数据在遗传病和罕见疾病研究中的价值

（一）基因型—表型关联分析

遗传病和罕见疾病是由基因突变引起的一类疾病，其发病机制往往与个体基因组的特定变异相关。基因型—表型关联分析作为一种重要的研究方法，可以帮助科学家深入理解这些疾病的遗传机制，为疾病的诊断和治疗提供可靠的依据。

1. 分析方法和技术

基因型—表型关联分析作为一种重要的研究方法，在揭示遗传疾病机制、发现新的致病基因以及个体差异的研究中发挥着关键作用。这项工作涉及多种复杂的分析方法和技术，需要科学家们在基因组数据的处理、临床表型的定义和测量以及关联分析方法的选择和应用等方面进行深入研究和实践。

（1）基因组数据的收集和处理

基因组数据的收集是基因型—表型关联分析的首要步骤。科学家们利用高通量测序技术（如全基因组测序、全外显子测序等）获取患者的基因组数据。这些数据不仅包括单核苷酸多态性（SNP）、插入缺失（Indels）等常见变异，还可能涉及结构变异、拷贝数变异等。在数据处理方面，科学家们需要进行质量控制，包括去除低质量的碱基、修剪接头序列等，以确保后续分析的准确性和可靠性。同时，变异检测也是一个关键步骤，它将患者的基因组数据与参考基因组进行比对，识别出患者的变异信息，为后续的关联分析提供基础数据。

（2）临床表型的定义和测量

除了基因组数据外，临床表型数据的收集、定义和测量也是基因型—表型关联分析的重要组成部分。临床表型数据包括患者的病史、临床检查结果、生化指标等，这些数据反映了患者的生理状态和疾病特征。科学家们需要对这些临床表型数据进行严格的定义和测量，以确保数据的准确性和可比性。同时，还需要考虑到临床表型数据的多样性和复杂性，采用合适的统计方法和模型进行数据处理和分析。

（3）关联分析方法的选择和应用

在基因型—表型关联分析中，科学家们可以选择多种不同的关联分析方法，包括关联研究、连锁分析、基因组关联分析（GWAS）等。这些方法各有特点，适用于不同类型的数据和研究目的。例如，关联研究通常用于发现罕见变异对

疾病的影响，而 GWAS 则更适用于发现常见变异与复杂疾病之间的关联。科学家们需要根据研究的具体情况和目的，选择合适的关联分析方法，并结合统计学和生物信息学等技术进行数据分析和解读。

2. 研究应用和发现

基因型—表型关联分析作为遗传病和罕见疾病研究的核心方法，在揭示疾病遗传机制、发现新的致病基因以及指导临床诊断和治疗方面发挥着至关重要的作用。这种分析方法通过系统地比较患者的基因型和表型数据，能够帮助科学家们理解疾病的发生和发展过程，并为疾病的诊断和治疗提供重要的依据和指导。

（1）在遗传病研究中的应用

遗传病是由基因突变引起的疾病，其发病机制通常涉及一个或多个致病基因的变异。通过基因型—表型关联分析，科学家们可以系统地研究患者的基因型和表型之间的关系，发现与疾病表型相关的遗传变异，从而识别致病基因。例如，在某些常见的单基因遗传病（如囊性纤维化、地中海贫血等）研究中，科学家们利用基因型—表型关联分析成功地锁定了致病基因和变异。这些发现不仅为遗传病的遗传咨询和家族风险评估提供了重要依据，还为疾病的早期诊断和治疗提供了新的思路和方法。

（2）在罕见疾病研究中的应用

罕见疾病是指发病率极低的疾病，通常是由于基因突变引起的。由于罕见疾病的发病机制复杂且症状多样化，常常存在诊断困难和治疗挑战。基因型—表型关联分析为罕见疾病的研究提供了一种有利的方法。科学家们可以通过比较患者群体的基因型和表型数据，发现与疾病表型相关的遗传变异，进而确定罕见疾病的遗传基础。例如，在近年来的研究中，通过基因型—表型关联分析，科学家们成功地发现了多种罕见疾病的致病基因和变异，为疾病的诊断和治疗提供了新的思路和方法。

（3）研究发现的意义和价值

基因型—表型关联分析不仅可以帮助科学家们理解疾病的遗传机制，还为疾病的早期诊断、治疗和预防提供了重要依据和指导。通过发现致病基因和变异，科学家们可以为患者提供个性化的诊断和治疗方案，提高治疗的准确性和有效性。同时，研究发现还有助于加深科学家们对疾病发生发展机制的理解，为新药物的研发和临床转化提供新的靶点和策略，从而促进医学科学的进步和人类健康情况的改善。

3. 临床应用和未来展望

基因型—表型关联分析在临床应用中扮演着至关重要的角色，其研究成果对于遗传病和罕见疾病的诊断、治疗和预防具有深远的影响。通过深入挖掘基因型和表型之间的关联性，医生不仅能够更准确地诊断疾病，还能够为患者提供个性化的治疗方案，从而提高治疗的效果和患者的生活质量。

在临床应用方面，基因型—表型关联分析为医生提供了一种能够深入了解患者疾病风险和预后的方法。通过分析患者的基因组数据，医生可以发现与疾病相关的致病基因和变异，从而预测患者的发病风险和发展趋势。这为医生制定个性化的预防措施和治疗方案提供了重要依据，有助于及早干预和治疗，提高治疗的效果和患者的存活率。

未来，随着技术的不断发展和研究的深入进行，基因型—表型关联分析在临床应用中将展现出更广阔的前景。首先，随着基因组学技术的不断进步，医生可以更全面地了解患者的基因型，包括罕见变异和复杂变异的检测。这将为医生更准确地诊断罕见疾病和复杂遗传疾病提供可能性。其次，随着大数据和人工智能技术的发展，医生可以更好地分析和解释基因型—表型关联的复杂性，发现更多的致病基因和疾病机制。最后，随着个体化医疗和精准医学理念的深入推广，基因型—表型关联分析将成为实现个体化诊断、治疗和预防的重要手段，为人类健康提供更加精准和有效的医疗服务。

（二）新基因的发现

随着基因组学数据的广泛应用，科学家们能够深入探索人类基因组的复杂性，从而发现与疾病相关的新基因，为疾病的研究和治疗开辟了新的途径。

1. 大规模基因组测序

大规模基因组测序项目的开展标志着基因组学数据在科学研究和医学领域的广泛应用。这些项目不仅大大提高了基因组测序的速度和效率，还为深入研究人类基因组的结构和功能提供了宝贵的数据资源。通过这些大规模基因组测序项目，科学家们能够在全球范围内迅速测序大量的基因组样本，涵盖了正常人群以及患有各种罕见疾病的患者，从而为基因组学研究提供了全面的数据支持。

首先，大规模基因组测序项目为新基因的发现提供了重要的数据支持。通过测序大量的基因组样本，科学家们能够发现新的基因和变异，从而深入了解人类基因组的多样性和复杂性。这些新基因的发现为理解基因与疾病之间的关系、疾病的发病机制以及药物治疗的靶点提供了重要线索，为医学研究和临床诊疗提供了新的思路和方法。其次，大规模基因组测序项目有助于揭示人类基因组的结构和功能。通过分析大规模基因组测序数据，科学家们可以了解基因组中基因的分布、基因之间的关联以及基因与表型之间的关系。这些研究有助于揭示人类基因组的进化历程、功能分化以及与健康和疾病相关的基因组变化，为科学家们深入理解人类生物学提供了重要的参考和依据。最后，大规模基因组测序项目还为个性化医学和精准医疗的实现提供了基础信息。通过分析大规模基因组测序数据，可以发现个体之间的遗传差异，从而为个性化的预防、诊断和治疗提供了基础性条件。这种个性化医学的实践将大大提高医疗的精准性和效果，为每位患者提供更加个性化和优质的医疗服务。

2. 基因组数据分析技术的进步

新一代测序技术的涌现是数据获取速度和成本效益的巨大提升，而先进的数据分析算法则为科学家们提供了更深入、更全面的基因组数据分析能力。这些技术的进步在基因组学领域具有重要意义，为新基因的发现和疾病机制的解析打下了坚实的基础。

第一，新一代测序技术的出现为基因组数据的获取提供了革命性的变革。与传统的 Sanger 测序技术相比，新一代测序技术具有更高的通量、更快的速度和更低的成本，使得大规模基因组测序成为可能。例如，高通量测序技术（如 Illumina HiSeq 和 NovaSeq 系统）的应用使得数以千计的基因组样本能够在较短的时间内完成测序，大大加快了基因组数据的积累速度，为数据分析提供了丰富的资源。

第二，随着测序技术的不断进步，数据分析算法也在不断优化和更新。先进的数据分析算法能够更加准确地识别基因组中的变异和突变，并将其与疾病表型进行关联分析。例如，针对复杂基因型和表型数据的关联分析算法（如 PLINK、GCTA 等）以及基因组关联分析（GWAS）方法的不断改进，使得科学家们能够更好地理解基因与疾病之间的关系，并发现新的致病基因。

第三，机器学习和人工智能等新兴技术的应用也为基因组数据分析带来了新的突破。利用机器学习算法对大规模基因组数据进行深度学习和模式识别，可以发现隐藏在数据背后的规律和关联性。这种数据驱动的方法不仅能够提高数据分析的效率，还能够发现更为复杂和隐蔽的基因型—表型关联。

3.与罕见疾病相关的新基因发现

罕见疾病在很大程度上是由单个基因的突变引起的，这使其研究和诊断面临着巨大的挑战。然而，随着基因组学数据分析技术的不断提升，科学家们现在可以更深入地研究这些罕见疾病，并且有望发现新的相关基因，这为医学界和患者带来了新的希望和机遇。

在过去，罕见疾病的诊断和治疗往往十分困难，因为患者人数较少，且疾病的发病机制和致病基因通常不为人所知。然而，随着基因组学技术的发展，科学家们现在能够对患者的基因组进行广泛的测序和分析。通过比较患者基因组与正常人群基因组的差异，科学家们可以识别出与疾病相关的新基因，这为疾病的研究和治疗提供了全新的视角。

发现与罕见疾病相关的新基因对医学界和患者具有重大意义。首先，这些新基因的发现有助于揭示疾病的发病机制。了解疾病的致病基因可以帮助医生更好地理解疾病的发展过程，为疾病的诊断和治疗提供更准确的依据。其次，新基因的发现为疾病的诊断和预测提供了新的靶点。通过对患者基因组数据的分析，医生可以更准确地预测患者患病的风险，并制订个性化的治疗方案。

此外，新基因的发现还为罕见疾病的治疗提供了新的策略。一旦确定了与疾病相关的新基因，科学家们就可以针对这些基因开发新的治疗方法，如基因疗法、靶向药物等。这些新的治疗策略可能会打破现有治疗方案的局限性，并为患者提供更有效的治疗选择。

（三）临床诊断和遗传咨询

基因组学数据的分析不仅能够提供更准确的疾病诊断，还能够预测疾病的发展和风险，为患者提供个性化的治疗方案和遗传咨询服务。

1.精准诊断与疾病管理

基因组学数据的应用已经推动了临床诊断和疾病管理的革新，使得医学进入了一个前所未有的精准化时代。通过分析患者的基因组数据，医生可以更加准确地了解疾病的本质和发展趋势，从而为患者提供更为精准的诊断和治疗方案。这一变革为疾病管理带来了深远的影响，从而提高了治疗的效果和患者的生活质量。

在精准诊断方面，基因组学数据的应用使得医生能够更加深入地了解患者的遗传背景和患病风险。通过分析患者的基因组数据，医生可以快速而准确地确定疾病的类型和特征，为制订个性化的诊断方案提供了有力的支持。特别是在罕见疾病的诊断中，基因组学数据的应用可以帮助医生快速确定疾病的遗传基础，从而为患者提供更及时、更准确的诊断结果，为治疗方案的制订提供重要依据。

在疾病管理方面，基因组学数据的应用为个性化医疗提供了新的途径和可能性。通过分析患者的基因组数据，医生可以预测疾病的进展和风险，及时采取有效的干预措施，延缓疾病的发展，并提高治疗的效果。此外，基因组学数据还可以帮助医生选择最适合患者的治疗方案，减少治疗的不良反应，提高治疗的个性化水平，从而提高患者的生活质量。

2. 疾病进展与风险的预测

基因组学数据在预测疾病的发展和风险方面具有显著的潜力，为医生提供了更全面、更个性化的治疗方案，从而提高了治疗的效果和患者的生活质量。通过分析患者的遗传信息，医生可以获得关于疾病发展和风险的重要线索，为疾病的管理和治疗提供有力的支持。

第一，基因组学数据可以帮助医生了解患者患病的可能性。通过分析患者的基因组数据，医生可以确定患者是否存在与特定疾病相关的遗传变异或易感基因。这些遗传变异可以影响疾病的发生和发展，因此对于患病风险的预测具有重要意义。例如，在心血管疾病的预测中，通过分析患者的基因组数据可以确定其是否具有心血管疾病相关的遗传风险，从而采取预防措施，降低患病风险。

第二，基因组学数据还可以预测疾病的发展速度和严重程度。通过分析患者的基因组数据，医生可以了解患者患病后疾病的发展情况，包括病情的加重速度、病情的稳定期等，这些信息对于制订个性化的治疗方案至关重要。例如，在癌症治疗中，医生可以根据患者的基因组数据预测肿瘤的发展速度和转移倾向，从而制订更加有效的治疗计划，延缓疾病的发展，提高治疗的成功率。

3. 个性化治疗方案与遗传咨询服务

基因组学数据的分析为医生制订个性化治疗方案和为患者提供遗传咨询服务提供了重要的依据和支持。这种个性化的医疗模式已经成为现代医学的重要发展方向之一，为患者提供了更加精准和有效的治疗方案，同时也提高了医疗资源的利用效率。

第一，基因组学数据的分析可以帮助医生制定个性化的治疗方案。通过分析患者的基因组数据，医生可以了解患者的遗传背景、药物代谢能力以及对治疗的反应情况，从而选择最适合患者的治疗方案。例如，在癌症治疗中，医生可以根据患者的基因组数据预测其对化疗药物的敏感性，选择最合适的药物和剂量，以提高治疗的效果并减少不良反应的发生。

第二，基因组学数据还可以为患者提供遗传咨询服务。医生可以根据患者的基因组数据，评估其患病风险和可能遗传给后代的风险，为患者提供相关的遗传咨询和建议。例如，在有家族遗传病的情况下，医生可以通过基因组数据分析评估患者的遗传风险，并向患者提供相关的遗传咨询，帮助他们了解疾病的遗传模式和预防措施，并从家族规划方面提出建议。

第六章　蛋白质组学数据分析

第一节　质谱数据的分析和解释

一、质谱数据分析的基本原理和流程

（一）样本制备

在质谱数据分析的流程中，样本制备是至关重要的一步，它直接影响到后续质谱分析的结果和准确性。样本制备通常包括以下几个关键步骤：

1. 样品的提取

样品的提取是生物质谱分析的首要步骤，旨在从生物体中释放目标蛋白质并将其溶解在适当的缓冲液中。该过程涉及以下关键步骤：

①细胞破碎：对于细胞样品，细胞壁和细胞膜的破碎是必要的。这可以通过机械方法（如超声波破碎或搅拌破碎）或化学方法（如细胞裂解酶的使用）来实现。

②蛋白质提取：提取时使用合适的提取缓冲液，以确保蛋白质在提取过程中保持其天然状态。

③蛋白质溶解：蛋白质样品应当溶解在适当的缓冲液中，通常包括盐、磷酸盐缓冲液等，以保持蛋白质的天然结构和活性。

2. 样品的分离

样品的分离旨在降低样品的复杂性，提高目标蛋白质的检测灵敏度。常见的分离方法包括：

①凝胶电泳：凝胶电泳是一种常用的蛋白质分离方法，可根据蛋白质的分子量和电荷进行分离。聚丙烯酰胺凝胶电泳（SDS-PAGE）是其中的经典技术，

常用于蛋白质的分子量测定和分离。

②液相色谱：液相色谱是一种高效的蛋白质分离技术，常用于样品中蛋白质的分离和纯化。常见的液相色谱技术包括高效液相色谱（HPLC）和离子交换色谱等。

3.样品的纯化

样品的纯化旨在消除杂质，提高目标蛋白质的含量和纯度，以便后续的质谱分析。常见的纯化方法包括：

①亲和层析：亲和层析是一种基于生物分子之间的特异性结合而进行的分离技术。例如，可以利用亲和柱上的特定配体与目标蛋白质之间的亲和作用来分离和纯化目标蛋白质。

②离心：离心是一种基于生物样品中不同组分的密度差异而进行的分离技术。通过高速离心，可以使样品中的细胞碎片、脂质等大颗粒物质沉淀下来，从而获得较纯的蛋白质上清液。

③洗涤：洗涤常用于进一步去除亲和层析或离心过程中残留的杂质，以确保蛋白质样品的纯度和质量。

（二）质谱测定

质谱测定是质谱数据分析的核心环节，主要通过质谱仪器对样品中的蛋白质进行分析和检测。其基本原理包括：

1.离子化

离子化是生物质谱分析中至关重要的步骤之一，它将样品中的蛋白质转化为离子，以便在质谱仪器中进行进一步的分析。常用的离子化技术包括电喷雾离子化（ESI）和基质辅助激光解吸离子化（MALDI）等。

（1）电喷雾离子化

电喷雾离子化是一种常用的离子化技术，适用于液相色谱联用质谱分析（LC-MS）。其基本原理是将样品溶液通过高压电场喷射成微小的液滴，然后在喷雾过程中使溶剂挥发，使得蛋白质分子带电离子化。这些离子化的蛋白质离子随后被导入质谱仪器中进行质谱分析。电喷雾离子化技术的优点包括对生物样品友好、离子化效率高、容易与液相色谱联用等，因此在生物质谱领域得到了广泛应用。

（2）基质辅助激光解吸离子化

基质辅助激光解吸离子化是另一种常用的离子化技术，适用于固态样品的质谱分析。其原理是将样品与一种能够吸收激光能量的基质混合，并形成样品—基质晶体。随后，激光脉冲作用于样品—基质晶体，使得样品被解吸出来并转化为离子。MALDI 技术具有样品准备简单、离子化效率高、适用于大分子量蛋白质等优点，因此在蛋白质质谱分析中得到了广泛应用。

（3）离子化的影响因素

离子化的效率和结果受到多种因素的影响，包括离子源的温度、离子源中的溶剂成分、样品的浓度和纯度等。合适的离子化条件能够最大程度地提高质谱分析的灵敏度和准确性。

2. 质量分析

质量分析是生物质谱分析中的核心步骤之一，它通过质谱仪器对离子化后的蛋白质离子进行分离、鉴定和定量，从而获取关于蛋白质的质量信息。

（1）质谱质量分析器

质谱质量分析器是质谱仪器的核心部件，其作用是根据离子的质荷比（m/e）对其进行分离和分析。常见的质谱质量分析器包括飞行时间质谱仪、离子阱质谱仪、四极杆质谱仪和串联质谱仪等。

①飞行时间质谱仪：飞行时间质谱仪利用离子在电场中的飞行时间与其质量有关的原理进行质量分析。它具有高分辨率、高灵敏度和高速度的特点，适用于高通量的质谱分析。

②离子阱质谱仪：离子阱质谱仪通过电场和磁场控制离子在三维空间中的运动轨迹，从而实现对离子的分离、捕获和分析。它具有较高的选择性和灵活性，可进行离子的累积、碰撞、诱导、解离等操作。

③四极杆质谱仪：四极杆质谱仪利用四极杆的电场和磁场交替作用，对不同质量的离子进行选择性通道传输，从而实现质量分析。它具有高灵敏度和选择性，适用于定性和定量分析。

④串联质谱仪：串联质谱仪结合了不同类型的质谱分析器，通过多级质谱扫描实现对离子的选择性分析和鉴定。它具有高灵敏度、高选择性和高分辨率的优势，可用于复杂混合物的分析和蛋白质的结构鉴定。

（2）质量分析的过程

质量分析的过程包括质谱图谱的记录和解释。在质谱仪器中，离子根据其质荷比（m/e）值在质谱图上呈现出一系列峰。这些峰对应于不同的离子，其高度和面积反映了离子的丰度和相对丰度。通过对质谱图谱的分析和解释，可以确定样品中存在的蛋白质以及其特征。

（3）数据处理和分析

质谱数据的处理和分析包括峰识别、质谱峰匹配、质谱库搜索和谱图定量等步骤。这些步骤通过质谱数据分析软件进行，旨在从原始数据中提取蛋白质的信息，并对其进行鉴定和定量。

3. 质谱图谱的测定

质谱图谱的测定是生物质谱分析的核心步骤之一，它通过质谱仪器记录离子的质荷比（m/e）与其相对丰度的关系，从而呈现出离子的分布情况。这一过程涉及多个关键环节，包括离子化、质谱质量分析和数据记录等。

首先，在质谱仪器中，样品中的蛋白质经过离子化处理，转化为离子态。这通常通过电喷雾离子化或基质辅助激光解吸离子化等技术实现。在这个过程中，样品溶液通过喷雾嘴产生细小的液滴，在高压电场的作用下，溶液中的蛋白质被带电离子化，并形成气态离子。

其次，离子化的蛋白质离子进入质谱仪器的质谱质量分析器中进行质谱图谱的测定。在质谱质量分析器中，离子根据其质荷比（m/e）被分离和分析。常见的质谱质量分析器包括飞行时间质谱仪、离子阱质谱仪、四极杆质谱仪和串联质谱仪等。通过这些质谱质量分析器，可以精确地测定离子的质量和相对丰度，并在质谱图谱上形成一系列的质谱峰。

最后，在质谱仪器中，记录不同 m/e 值的离子强度，并将其呈现在质谱图谱上。质谱图谱通常由质荷比（m/e）作为横坐标，离子强度或相对丰度作为纵坐标，形成一系列的峰。这些峰对应于不同质荷比的离子，其高度和面积反映了离子的丰度和相对丰度。通过对质谱图谱的解读和分析，可以确定样品中存在的蛋白质以及其特征。

（三）数据处理

质谱数据处理是将原始数据转化为可用于分析和解释的信息的过程，包括数据的预处理和处理：

1. 预处理

预处理的主要目标是通过一系列步骤和方法，对原始质谱数据进行处理，以确保数据的质量和准确性，并去除不必要的噪声和干扰，从而为后续的数据分析提供可靠的基础。

（1）峰提取

峰提取是预处理阶段的第一步，其目的是从原始质谱数据中识别和提取出质谱图中的峰，这些峰代表了不同化合物或分子离子的质荷比。峰提取通常通过一系列算法和方法实现，如高斯拟合、波形分析等。在这一步中，需要注意识别出真实的峰并排除假阳性的干扰信号，以确保后续分析的准确性和可靠性。

（2）质量校正

质量校正是预处理阶段的另一个重要步骤，其目的是对质谱数据进行质量校正，消除仪器误差和不稳定性，确保质谱图的准确性和可靠性。质量校正通常包括内部标准校正和外部标准校正两种方法，其中内部标准校正是通过加入已知质量的内部标准物质进行校正，而外部标准校正则是利用外部标准物质的质谱数据对质谱图进行校正。

（3）信号噪声过滤

在质谱数据中，常常存在着各种噪声和干扰信号，这些噪声和干扰信号会影响质谱图的质量和解释的准确性。因此，在预处理阶段需要对数据进行信号噪声过滤，将噪声信号去除，以提高数据的信噪比和准确性。信号噪声过滤通常通过滤波算法、阈值设定等方法实现，以确保保留有效信号并去除噪声。

2. 处理

在处理阶段，主要包括谱图匹配、蛋白质鉴定和定量等过程，这些步骤相互关联，共同构成了质谱数据分析的核心内容。

（1）谱图匹配

谱图匹配是处理阶段的首要任务，它将实验得到的质谱图与已知蛋白质数据库进行比对，从而识别出样品中的蛋白质成分。这一过程依赖于蛋白质数据库中已有的质谱图谱信息，通过比对质谱图的峰和谱峰的质荷比（m/e），确定样品中的蛋白质种类。

（2）蛋白质鉴定

蛋白质鉴定是处理阶段的核心环节，其目标是确定质谱图谱中检测到的蛋白质的种类。这一过程通常是将检测到的蛋白质与数据库中的已知蛋白质序列进行比对，根据质谱图谱中的肽段信息来识别蛋白质。蛋白质鉴定需要考虑质谱数据的准确性、覆盖度和信噪比等因素，以确保鉴定结果的可靠性。

（3）定量

定量是处理阶段的另一个重要任务，它涉及确定检测到的蛋白质的相对或绝对含量。定量分析可以通过不同的方法实现，包括基于肽段的定量、基于谱峰强度的定量和基于标准曲线的定量等。这些方法可以提供样品中蛋白质的数量信息，从而揭示样品中蛋白质的丰度变化和功能特征。

二、生物质谱数据分析中常用的软件和工具

（一）MaxQuant

MaxQuant 是一种被广泛应用于生物质谱数据分析的综合软件平台，具有以下特点和功能：

1. 蛋白质鉴定和定量

MaxQuant 作为一种先进的生物质谱数据分析软件，具有高效准确地识别和定量复杂的蛋白质混合物的能力，为蛋白质组学研究提供了强大的支持。

（1）蛋白质鉴定

MaxQuant 通过整合先进的搜索引擎和统计算法，实现了对质谱数据的高效鉴定。它能够识别蛋白质质谱图谱中的肽段，并将其与已知的蛋白质数据库进行比对，从而确定样品中存在的蛋白质种类。MaxQuant 具有高度自动化的特点，可以在保证准确性的同时大大提高数据处理的速度和效率。其先进的算法能够处理复杂的蛋白质混合物，识别出低丰度和被修饰的蛋白质，为研究人员提供了全面的蛋白质组学信息。

（2）蛋白质定量

在蛋白质组学研究中，定量是了解样品中蛋白质丰度变化的关键步骤。MaxQuant 通过整合先进的定量算法和质谱数据处理技术，实现了对复杂样品的准确定量。它支持多种定量方法，包括基于肽段的相对定量和基于标准曲线的绝对定量等。这些方法能够精确地确定样品中蛋白质的相对或绝对含量，并且具有高度的灵敏度和准确性。MaxQuant 还提供了丰富的统计分析工具，可以对定量结果进行可靠的统计分析和解释，为研究人员提供了全面的定量信息。

2. 生物信息学分析

MaxQuant 作为一种全面的生物质谱数据分析软件，提供了丰富的生物信息学分析功能，为研究者在蛋白质组学领域的探索提供了强大的支持和便利。

（1）蛋白质功能注释

MaxQuant 可以对鉴定出的蛋白质进行功能注释，通过比对蛋白质序列与已知的生物数据库，如 Gene Ontology（GO）数据库、KEGG 通路数据库等，来确定蛋白质的功能类别、细胞定位以及参与的生物过程。这些功能注释结果可以帮助研究者理解蛋白质的生物学功能，并揭示其在细胞生物学、生物化学和生理学等方面的作用机制。

（2）通路分析

除了功能注释外，MaxQuant 还能够进行蛋白质通路分析，即根据已知的生物通路信息，将鉴定出的蛋白质映射到相应的通路中，并对其在通路中的作用进行分析。这有助于研究者全面了解蛋白质之间的相互作用和调控关系，从而揭示生物过程的调控机制和信号传导途径。

（3）结构预测

MaxQuant 还提供了蛋白质结构预测功能，可以根据已知的蛋白质序列信息和结构数据库，预测鉴定蛋白质的二级结构、三维结构以及功能域等结构特征。这对于理解蛋白质的结构与功能之间的关系，以及蛋白质的折叠和相互作用机制具有重要意义。

3. 多种质谱数据分析

MaxQuant 作为一款功能强大的生物质谱数据分析软件，广泛应用于各种类型的质谱数据分析，涵盖了定量蛋白组学、翻译后修饰和代谢组学等多个领域。其多样化的分析功能和灵活性使其成为生物质谱研究中的重要工具之一，为科学家们理解生物系统的复杂性和深入探索生命科学领域提供了有力支持。

（1）定量蛋白组学

在定量蛋白组学中，MaxQuant 可用于分析不同条件下蛋白质的定量变化，例如在疾病状态与正常状态下的蛋白质表达水平的差异。通过使用标记或非标记的定量方法，MaxQuant 能够对样品中的蛋白质进行定量，从而揭示生物过程中的动态变化。

（2）翻译后修饰

MaxQuant 在翻译后修饰的分析中也发挥着重要作用。它能够识别和定量蛋白质上的各种翻译后修饰，如磷酸化、乙酰化、甲基化等，从而帮助研究者深入了解蛋白质的功能调控和信号传导机制。

（3）代谢组学

MaxQuant 还支持代谢组学数据的分析。它可以对生物体内代谢产物的质谱数据进行处理和解析，识别和定量代谢产物，从而揭示生物体内代谢途径的变化和代谢物的生物学功能。

（4）其他领域

此外，MaxQuant 还可应用于蛋白质相互作用研究、蛋白质定位分析、蛋白质结构分析等多个领域。其丰富的功能和灵活的应用使其成为生物质谱研究中的瑞士军刀，为研究者提供了多种工具和方法，助力他们深入探索生物体系的复杂性和机制。

（二）Proteome Discoverer

Proteome Discoverer 是由 Thermo Fisher Scientific 开发的专业蛋白质组学数据分析软件，具有以下主要特点：

1.全面的数据处理功能

Proteome Discoverer 是一款功能强大的生物质谱数据处理和分析软件，为科学家提供了全面的质谱数据处理功能。该软件的功能涵盖了谱图匹配、蛋白质鉴定、定量和功能注释等多个方面，使其成为生物质谱数据分析的理想选择。

第一，Proteome Discoverer 具有强大的谱图匹配功能。通过与已知蛋白质数据库进行比对，该软件能够准确地将实验得到的质谱图谱与已知的蛋白质进行匹配，从而识别出样品中存在的蛋白质成分。这种谱图匹配的精度和准确性为后续的蛋白质鉴定和定量提供了可靠的基础。

第二，Proteome Discoverer 在蛋白质鉴定和定量方面表现出色。通过结合多种定量方法和算法，该软件能够对样品中的蛋白质进行准确地鉴定和定量，包括相对定量和绝对定量等。这种功能使研究人员能够深入了解样品中蛋白质的组成和数量变化，为生物学研究提供了重要的数据支持。

第三，Proteome Discoverer 还具备丰富的功能注释功能。通过整合各种生物信息学数据库和工具，该软件能够为鉴定出的蛋白质提供详尽的功能注释，包括生物学通路、功能分类、亚细胞定位等方面的信息。这种功能注释为研究人员理解蛋白质功能和生物学意义提供了重要的参考和指导。

2. 易于使用的界面

Proteome Discoverer 软件设计了直观的用户界面和友好的操作流程，使得研究者能够轻松进行质谱数据处理和分析，节省了时间和精力。

第一，软件的用户界面简洁明了，各项功能模块清晰可见，操作按钮和菜单项布局合理，使得用户能够快速找到所需的功能和操作选项。这种直观的界面设计使新用户能够快速上手，不需要长时间地培训和学习，即可熟练地使用软件进行数据处理和分析。

第二，软件提供了丰富的帮助文档和视频教程，用户可以在使用过程中随时查阅并学习。这些帮助资源覆盖了软件的各个功能模块和操作流程，为用户提供了详尽的指导。用户可以根据自己的需求和学习进度，灵活选择学习方式，快速掌握软件的使用技巧和方法。

第三，软件还支持个性化设置和定制化功能，用户可以根据自己的实验设计和研究需求，对软件界面进行个性化配置和调整。这种灵活的定制化功能使得用户能够根据自己的偏好和习惯，调整软件的外观和操作方式，提高了用户的工作效率和体验感受。

3. 高效的算法支持

Proteome Discoverer 作为一款专业的生物质谱数据处理软件，具备高效的算法支持是其核心优势之一。Proteome Discoverer 采用先进的算法和统计方法，能够快速而准确地对质谱数据进行处理和分析，为用户提供可靠的结果支持。

这些算法和统计方法涵盖了质谱数据的各个方面，包括质谱图谱的峰识别、峰提取、信号噪声过滤、质量校正、谱图匹配、蛋白质鉴定和定量等。其中，峰识别和峰提取能够准确地识别出质谱图中的峰值，提取出有效的质谱信号；信号噪声过滤算法能够去除质谱数据中的背景噪声，提高数据的信噪比；质量校正算法能够校正质谱数据的质量偏差，保证数据的准确性和可靠性；在谱图匹配和蛋白质鉴定方面，Proteome Discoverer 采用了多种先进的搜索引擎和匹配算法，能够将实验得到的质谱图谱与已知的蛋白质数据库进行高效准确地比对，从而识别出样品中的蛋白质成分，并确定其种类和相对或绝对含量；同时，软件还提供了统计学方法和数学模型，用于对质谱数据进行定量分析，从而实现对蛋白质表达水平的精确测量。

除此之外，Proteome Discoverer 还不断更新和优化算法和方法，以适应生物质谱数据处理领域的发展和需求。通过与行业内专家和研究人员的密切合作，软件不断引入最新的科学进展和技术创新，不断提升数据处理和分析的效率和准确性。

（三）Mascot

Mascot 是一款经典的质谱数据谱图匹配软件，具有以下主要特点：

1. 快速准确的谱图匹配

Mascot 作为一款专业的质谱数据谱图匹配软件，在生物质谱研究领域扮演着至关重要的角色。其独特的算法和功能使其能够快速而准确地对质谱数据进行谱图匹配，从而识别出样品中的蛋白质成分，并提供可靠的鉴定结果。

谱图匹配是质谱数据分析的核心环节之一，其准确性直接影响着后续结果的可靠性和解释性。Mascot 通过先进的搜索引擎和匹配算法，能够将实验得到的质谱图谱与已知的蛋白质数据库进行高效而准确地比对。这些算法包括质谱峰匹配、碎片离子匹配、肽序列比对等，Mascot 能够充分利用质谱数据中的信息，提高匹配的精度和鉴定的准确性。

与此同时，Mascot 还具备快速处理大规模质谱数据的能力。它能够高效地处理大量的质谱数据，包括单个实验的数据量和多个实验的批量数据，为用户提供了高效的数据处理和分析方案。这种快速处理能力极大地提升了研究者的工作效率，节省了宝贵的时间和精力。

此外，Mascot 还注重结果的可信度和可视化呈现。它能够生成详细的鉴定报告和谱图展示，直观地展示出样品中的蛋白质组成和谱图特征，帮助用户更好地理解和解释质谱数据。这种可视化呈现方式使得研究者能够直观地查看和分析结果，从而更加深入地挖掘质谱数据的信息。

2. 支持多种质谱数据类型

Mascot 作为一种专业的质谱数据分析工具，具有广泛的适用性，支持多种质谱数据类型的分析。这种多样性使其在生物质谱研究的不同领域中发挥着重要作用。

第一，Mascot 支持蛋白质组学数据的分析。在蛋白质组学研究中，Mascot 可以用于识别和定量复杂的蛋白质混合物，帮助研究者了解蛋白质的组成、结构和功能。通过谱图匹配和蛋白质鉴定，Mascot 能够准确识别样品中的蛋白质，并提供丰富的定量信息，为蛋白质组学研究提供了可靠的数据支持。

第二，Mascot 也适用于代谢组学数据的分析。代谢组学研究旨在分析生物体内代谢产物的组成和变化，揭示生物体内的代谢通路和生物过程。Mascot 可以对代谢组学数据进行谱图匹配和代谢物鉴定，帮助研究者识别和定量代谢产物，并揭示其在生物体内的功能和调控机制。

第三，Mascot 还可用于蛋白质—蛋白质相互作用的分析。蛋白质—蛋白质相互作用是生物体内蛋白质之间相互结合和相互作用的重要过程，对于理解细胞信号传导、代谢调控和疾病发生具有重要意义。通过谱图匹配和蛋白质鉴定，Mascot 可以帮助研究者鉴定蛋白质之间的相互作用关系，解析蛋白质网络和信号传导通路，为相关研究提供重要的数据支持。

3. 灵活的数据导入和输出

在质谱数据分析领域，一款优秀的软件应当具备灵活多样的数据导入和输出功能，以满足不同用户的需求和应用场景。

首先，对于数据的导入，Mascot 支持多源数据格式的导入，包括常见的原始质谱数据格式，如 RAW、mzML、mzXML 等，以及常用的蛋白质鉴定和定量结果文件格式，如 mzIdentML、TXT、CSV 等。通过支持多源数据格式的导入，满足用户对于不同来源数据的需求，并保证数据的完整性和准确性。Mascot 提供简便易行的导入方式，使用户能够轻松地将数据导入软件平台中进行后续的处理和分析。

其次，对于数据的输出，Mascot 提供多样化的选项。用户可能需要将处理过的数据以不同的格式导出，以便进行后续的数据分析、可视化或者共享。同时，Mascot 具备灵活的数据输出选项，使用户能够根据自己的需求选择导出数据的内容、格式和布局，从而满足不同用户的个性化需求。

通过灵活的数据导入和输出功能，Mascot 能够有效提高用户的工作效率和数据处理的可靠性。用户可以更加方便地整合和分析不同来源的数据，从而更好地理解和解释实验结果。同时，用户还可以轻松地将处理过的数据分享给合作伙伴或者同行，促进科研成果的交流和共享，推动科学研究的进步。

第二节　蛋白质互作网络分析

一、蛋白质互作网络的构建和分析方法

（一）实验方法

1. 蛋白质亲和纯化

蛋白质亲和纯化是一种常用的实验方法，用于从生物样品中纯化目标蛋白质，并进一步研究其相互作用。这一方法基于蛋白质间的特异性结合，利用特定亲和柱或标签，使目标蛋白质与亲和基质相互作用，然后通过洗脱等步骤将目标蛋白质从其他非特异性结合的蛋白质中纯化出来。最终，通过质谱等技术对纯化的蛋白质进行鉴定和定量，从而构建蛋白质相互作用网络。

在实际操作中，蛋白质亲和纯化通常涉及以下步骤：

①细胞裂解：将含有目标蛋白质的生物样品进行细胞裂解，释放蛋白质。

②亲和柱/标签结合：利用具有特异性亲和性的柱子或标签，使目标蛋白质与亲和基质结合。

③洗脱：通过适当的洗脱缓冲液，将目标蛋白质从亲和基质上洗脱下来，得到纯化的目标蛋白质。

④鉴定和定量：通过质谱等技术对纯化的蛋白质进行鉴定和定量，确定其结构和功能。

蛋白质亲和纯化方法具有高选择性和灵敏度，能够有效地纯化目标蛋白质，并被广泛应用于蛋白质互作网络的研究中。

2. 酵母双杂交

酵母双杂交是一种经典的实验方法，用于检测蛋白质之间的相互作用关系。该方法利用酵母菌的遗传特性，将目标蛋白质与可能的相互作用蛋白质构建成DNA结合域融合体，并通过检测诱导剂对报告基因的激活来发现蛋白质间的相互作用。

具体而言，酵母双杂交通常包括以下步骤：

①构建融合蛋白质：将靶蛋白质与潜在的相互作用蛋白质的编码序列分别

克隆到酵母表达载体中，形成 DNA 结合域融合体。

②转化酵母菌：将构建好的融合蛋白质表达载体转化到酵母菌中，使其表达。

③诱导相互作用：将转化后的酵母菌接种到含有诱导剂的培养基中，诱导融合蛋白质的相互作用。

④检测报告基因表达：通过检测报告基因（如启动子激活报告基因）的表达来确定蛋白质间的相互作用。

酵母双杂交方法具有高通量、低成本和快速的优点，被广泛应用于大规模蛋白质互作网络的筛选和鉴定中。

3. 共免疫沉淀

共免疫沉淀是一种常用的实验方法，用于鉴定蛋白质间的相互作用关系。该方法利用已知的蛋白质抗体将目标蛋白质及与其互作的蛋白质捕获下来，然后通过质谱等方法鉴定被共沉淀的蛋白质。这种方法通常用于研究特定蛋白质或蛋白质复合物的相互作用。

在实验操作中，共免疫沉淀通常包括以下步骤：

①抗体固定：将已知的蛋白质抗体与固相载体结合，形成免疫沉淀复合物。

②样品处理：将生物样品裂解并处理成可溶性蛋白质，使目标蛋白质与其相互作用的蛋白质处于可免疫沉淀状态。

③共沉淀：将样品与抗体固定物共孵育，使目标蛋白质及与其相互作用的蛋白质与抗体结合形成免疫沉淀复合物。

④洗涤：通过多次洗涤去除非特异性结合的蛋白质和杂质。

⑤洗脱：通过使用变性剂或其他方法将目标蛋白质及与其相互作用的蛋白质从抗体固定物上洗脱下来。

⑥鉴定和定量：对洗脱过的蛋白质进行质谱等分析，确定共沉淀的蛋白质并定量其相互作用关系。

共免疫沉淀方法具有较高的特异性和灵敏度，可用于发现蛋白质间的直接或间接相互作用关系，为构建蛋白质互作网络提供了重要的实验数据。

（二）计算方法

1. 基于蛋白质组学数据的预测方法

基于蛋白质组学数据的预测方法是生物信息学领域中的重要研究方向之一，它利用了多种生物信息学技术和计算方法，将大规模的生物学数据转化为可理解和可分析的信息。这些数据包括基因表达数据、蛋白质互作数据、结构信息等。通过整合这些数据，可以建立数学模型和算法来预测蛋白质之间的潜在相互作用关系。

（1）基因表达数据的整合与分析

基因表达数据是研究蛋白质相互作用的重要数据源之一。通过转录组学技术获得的基因表达数据能够反映细胞内基因的表达水平，为预测蛋白质相互作用提供了重要线索。在基于蛋白质组学数据的预测方法中，首先需要对基因表达数据进行整合和分析。这包括对不同样本或条件下的基因表达谱进行比较分析，寻找共同上调或下调的基因，以及分析这些基因在细胞生物学过程中的功能和调控关系。通过对基因表达数据的综合分析，可以为后续预测蛋白质相互作用提供重要的参考信息。

（2）蛋白质互作数据的挖掘与整合

除了基因表达数据，蛋白质互作数据也是预测蛋白质相互作用的重要信息源。蛋白质互作数据可以通过多种实验技术获得，如质谱分析、酵母双杂交等。在基于蛋白质组学数据的预测方法中，需要对这些蛋白质互作数据进行挖掘和整合。这包括构建蛋白质互作网络、分析网络的拓扑结构和特征、识别具有重要调控功能的蛋白质节点，以及预测潜在的新的蛋白质相互作用关系。通过整合不同来源的蛋白质互作数据，可以提高蛋白质相互作用预测的准确性和可靠性。

（3）数学模型与算法的建立与优化

在基于蛋白质组学数据的预测方法中，建立合适的数学模型和算法是至关重要的。这些模型和算法可以基于机器学习、神经网络、支持向量机等方法，通过对已知蛋白质相互作用数据的学习和训练，来预测新的蛋白质相互作用关系。在建立数学模型和算法时，需要考虑数据的特征提取、模型的训练和优化等问题。此外，针对不同类型的蛋白质组学数据和预测目标，还需要设计相应的特定模型和算法，以提高预测的准确性和可靠性。因此，建立有效的数学模型和算法是基于蛋白质组学数据进行蛋白质相互作用预测的关键步骤之一。

2. 网络拓扑分析

（1）网络拓扑分析的基本概念

网络拓扑分析是系统生物学中的重要方法之一，旨在研究生物体内的分子间相互作用关系。在蛋白质组学领域，构建蛋白质互作网络是一种常见的方法，而网络拓扑分析则是对这些网络结构和特征进行定量和统计分析的过程。这种分析不仅可以揭示网络的整体结构，还能够识别出网络中的关键节点和模块，从而帮助研究人员深入理解生物学系统的复杂性和功能。

（2）关键网络指标的计算与解释

①度中心性（Degree Centrality）。节点的度中心性衡量了节点在网络中的重要性，度中心性较高的节点通常具有更多的相互作用关系，可能在网络中发挥着重要的调控作用。

②介数中心性（Betweenness Centrality）。介数中心性衡量了节点在网络中作为桥梁的程度，即节点在网络中连接其他节点之间最短路径的次数。介数中心性较高的节点可能在信息传递和调控过程中起到关键的中介作用，是网络中的"关键桥梁"。

③紧密度（Closeness Centrality）。紧密度衡量了节点与其他节点之间的接近程度，即节点到其他节点的平均最短路径。紧密度较高的节点通常能够更快地与其他节点进行信息传递和交流，可能在网络中起到更为重要的作用。

（3）应用于生物学研究的意义与前景

网络拓扑分析在生物学研究中具有广泛的应用价值。通过分析蛋白质互作网络的拓扑结构和特征，可以揭示生物体内复杂的调控机制、信号传导通路和代谢途径，有助于深入理解生物学过程的本质和规律。此外，网络拓扑分析还可用于发现与疾病相关的蛋白质模块和靶点，为疾病的诊断、治疗和药物设计提供新的思路和策略。随着生物信息学和系统生物学领域的不断发展，网络拓扑分析方法将继续发挥重要作用，为揭示生命科学的奥秘和解决人类健康问题提供强大的工具和支持。

二、蛋白质互作网络在生物学研究中的应用

（一）揭示疾病发生机制

蛋白质互作网络在揭示疾病发生机制方面发挥着至关重要的作用。通过构

建和分析蛋白质互作网络，可以识别出关键的调控节点和模块，从而深入理解疾病的发生机制及潜在的治疗靶点。以下是该过程的详细阐述：

1. 构建蛋白质互作网络

构建蛋白质互作网络是深入理解生物系统内部相互作用的关键步骤之一。这个网络可以帮助科学家们揭示蛋白质之间的相互作用关系，从而洞察生物体内复杂的生物学过程。以下是构建蛋白质互作网络的方法：

（1）实验方法

实验方法是构建蛋白质互作网络的重要手段之一。通过实验方法，可以直接观察和检测蛋白质之间的相互作用。以下是几种常用的实验方法：

①蛋白质质谱。蛋白质质谱是一种常用的实验方法，通过质谱技术可以鉴定和分析样品中的蛋白质组成。在构建蛋白质互作网络时，可以利用蛋白质质谱技术来鉴定并分析蛋白质之间的相互作用关系。

②酵母双杂交。酵母双杂交是一种常用的体外蛋白质相互作用检测方法，通过将目标蛋白质与可能的相互作用蛋白质构建成 DNA 结合域融合体，从而检测它们之间的相互作用。

③共免疫沉淀。共免疫沉淀是一种常用的蛋白质相互作用检测方法，通过利用已知的蛋白质抗体将目标蛋白质和与其互作的蛋白质捕获下来，然后通过质谱等方法鉴定被共沉淀的蛋白质。

（2）计算方法

除了实验方法外，计算方法也是构建蛋白质互作网络的重要手段之一。计算方法可以利用已有的生物信息学数据和数学模型来预测蛋白质之间的相互作用关系。以下是几种常用的计算方法：

①基于蛋白质组学数据的预测方法。基于蛋白质组学数据的预测方法是一种常用的计算方法，通过整合大规模的生物学数据，如基因表达数据、蛋白质互作数据等，利用数学模型和算法来预测蛋白质之间的潜在相互作用关系。

②网络拓扑分析。网络拓扑分析是一种常用的计算方法，通过对构建好的蛋白质互作网络进行结构和特征的分析，来揭示网络的整体结构和关键节点。这些分析可以帮助研究人员识别出网络中的关键蛋白质和功能模块。

③数据整合和分析。在构建蛋白质互作网络的过程中，需要对由实验或计算得来的数据进行整合和分析。这包括对原始数据进行处理和清洗，然后将数

据转化为网络结构，并对网络进行拓扑分析和功能分析，以揭示蛋白质之间的相互作用关系和生物学意义。

2. 识别关键调控节点和模块

在构建好的蛋白质互作网络中，识别出关键的调控节点和模块是理解生物学系统的重要一环。这些节点和模块在维持细胞内平衡和功能方面发挥着至关重要的作用。下面将分别探讨如何通过拓扑分析和功能分析识别这些关键节点和模块。

（1）拓扑分析。

通过拓扑分析，可以评估网络中节点的重要性和相互连接的程度，从而识别出关键的调控节点。以下是一些常用的拓扑分析指标：

①度中心性。节点的度中心性是指节点直接相邻的连接数量。节点度中心性衡量了节点在网络中的重要性，在蛋白质互作网络中，具有高度中心性的节点往往是重要的调控点，因为它们可能参与多个相互作用，影响多个生物学过程。

②介数中心性。介数中心性衡量了节点在网络中的中介程度，即节点在网络中作为信息传递的"桥梁"的程度。高介数中心性节点通常在不同模块之间起着关键的调控作用，因为它们能够传递关键的信息和信号。

③紧密度。紧密度衡量了网络中节点之间的紧密连接程度，即节点之间的平均距离。具有高密度的节点往往在网络中形成紧密的子网络或模块，这些模块可能在特定的生物学功能中起着关键的调控作用。

（2）功能分析

除了拓扑分析外，功能分析也是识别关键调控节点和模块的重要手段。功能分析通过研究节点的功能和相互作用模式来揭示其在生物学过程中的作用。

①富集分析。富集分析通过比较网络中的节点和模块与已知的生物学功能或通路的关联程度，来识别与特定功能或通路相关的关键节点和模块。这种分析可以帮助研究人员理解蛋白质互作网络在不同生物学过程中的功能。

②模块识别。模块识别是一种常用的功能分析方法，通过识别网络中密集连接的子网络或模块，来发现在特定生物学过程中起着协同调控作用的节点集合。这些模块往往在疾病发生和发展中扮演着重要的角色，因此对其进行深入研究可以揭示疾病的发病机制和潜在治疗靶点。

（3）综合分析

综合拓扑分析和功能分析的结果，可以全面地识别出在蛋白质互作网络中起着关键调控作用的节点和模块。这些节点和模块可能在疾病的发生和发展中发挥着重要的作用，识别出它们能够为疾病的诊断和治疗提供重要的线索和靶点。

3. 深入理解疾病发生机制

进一步研究识别出的关键调控节点和模块，对于揭示疾病的发生机制具有至关重要的作用。通过分析这些节点和模块参与的生物学过程和通路，可以深入理解它们在调控细胞增殖、凋亡、转移等关键生物学过程中的作用机制。

（1）细胞增殖调控

识别出的关键调控节点和模块可能参与调控细胞增殖过程。通过研究这些节点和模块在细胞周期调控、DNA复制和细胞分裂等方面的作用，可以揭示它们在细胞增殖中的促进或抑制机制。例如，某些蛋白质可能调控细胞周期的进程，如促进G1/S期转换或抑制细胞周期的某个阶段，从而影响细胞增殖的速率和方式。

（2）细胞凋亡调控

除了细胞增殖，识别出的关键调控节点和模块也可能参与调控细胞凋亡过程。细胞凋亡是一个重要的生物学过程，与维持机体内细胞数量平衡和清除异常细胞等密切相关。这些节点和模块可能通过调控凋亡途径的激活或抑制，影响细胞的生存和死亡。

（3）细胞转移调控

在癌症等疾病中，细胞的转移是导致疾病恶化和预后不良的重要因素之一。识别出的关键调控节点和模块可能参与调控细胞的转移和浸润过程。这些节点和模块可能通过调控上皮—间质转化、细胞迁移和侵袭等过程，影响肿瘤细胞的浸润和转移能力，进而影响疾病的发展和预后。

（二）预测蛋白质功能

蛋白质互作网络作为一个信息丰富的数据资源，不仅可以揭示蛋白质之间的相互作用关系，还可以用于预测蛋白质的功能。这种功能预测基于对蛋白质互作网络的拓扑结构和特征进行分析，利用各种生物信息学方法和工具来推断蛋白质的生物学功能和作用。

1. 拓扑结构分析

（1）节点度中心性

节点度中心性是蛋白质互作网络中常用的拓扑结构分析指标之一，它反映了节点在网络中的连接数，即与该节点直接相连的节点数量。在蛋白质互作网络中，具有高度连接的节点通常被认为是功能重要的蛋白质。这些高度连接的节点可能在生物学过程中具有核心的调控作用，参与多种蛋白质间的相互作用并影响生物学功能的实现。

（2）介数中心性

介数中心性是衡量节点在网络中的中介程度的指标，它反映了节点在网络中连接不同节点之间的重要性。在蛋白质互作网络中，具有高介数中心性的节点可能是关键的信息传递点，其连接着不同的模块，起着重要的调控作用。这些节点的丧失或异常可能会导致整个网络的功能受损或生物学过程发生变化。

（3）聚类系数

聚类系数是描述蛋白质互作网络中节点聚集程度的指标，它反映了节点的邻居节点之间相互连接的密度，即节点的邻居节点之间形成闭合的子网络的可能性。在蛋白质互作网络中，具有较高聚类系数的节点通常表示节点间存在密集的相互作用，形成功能上紧密联系的蛋白质模块或通路。这些功能模块或通路可能在细胞的生物学过程中协同工作，完成特定的生物学功能。

2. 功能模块预测

（1）基于拓扑结构的预测方法

基于蛋白质互作网络的拓扑结构可以采用多种预测方法来识别功能相关的蛋白质模块。其中，最常用的方法之一是模块发现算法。这种算法通过识别网络中紧密连接的蛋白质分子图即蛋白质模块，来预测功能相关的蛋白质组。模块发现算法可以根据网络的连通性、节点的高度分布等特征来寻找具有显著内部连接和较少外部连接的子图，从而发现潜在的功能模块。常用的模块发现算法包括模块度最大化算法、Louvain 算法、谱聚类算法等。

（2）生物学特征和功能注释

除了基于拓扑结构的预测方法外，还可以结合蛋白质的生物学特征和功能注释来预测功能相关的蛋白质模块。这包括蛋白质的结构域信息、亚细胞定位、功能类别等生物学特征，以及已知的生物学通路和功能模块的注释信息。将蛋白质的拓扑结构特征与其生物学特征和功能注释相结合，可以提高功能模块预测的准确性和可靠性。

（3）功能模块的生物学意义

功能模块预测不仅可以帮助研究人员理解蛋白质互作网络的结构和功能，还可以为生物学实验提供指导。识别出的功能模块通常代表着在特定生物学过程或通路中密切相关的一组蛋白质，这些蛋白质共同参与了特定的生物学功能。因此，对功能模块的进一步研究可以帮助研究人员深入理解生物学过程的调控机制和功能特征，为疾病治疗和药物设计提供重要的理论依据。

3. 生物学功能注释

（1）蛋白质互作网络的拓扑信息

蛋白质互作网络是描述蛋白质之间相互作用关系的图形化表示。在这个网络中，节点代表蛋白质，边代表蛋白质之间的相互作用关系。蛋白质互作网络的拓扑信息包括节点的度（连接数）、连通子图的结构以及节点之间的路径等。这些信息反映了蛋白质在细胞内的相互作用模式和网络结构。

（2）蛋白质功能注释数据库

蛋白质功能注释数据库包含了大量的蛋白质功能信息，包括蛋白质的生物学功能、结构域、亚细胞定位、通路参与等信息。这些数据库通过整合实验数据和文献报道，为研究者提供了丰富的生物学功能注释资源。

（3）生物学功能的推断和预测

利用蛋白质互作网络的拓扑信息，结合蛋白质功能注释数据库，可以推断蛋白质的生物学功能。通过分析与目标蛋白质相互作用的邻居节点，可以了解目标蛋白质所参与的生物学过程和功能模块。例如，如果一个蛋白质与细胞周期调控相关的蛋白质有密切的相互作用关系，那么可以推断该蛋白质可能也参与了细胞周期调控的生物学功能。

第三节 蛋白质组学数据在药物发现中的应用

一、基因组学、蛋白质组学对新药研发的影响

人类药物发现经历了从自然界发现药物，到随机筛选发现药物，再到以机制为基础和以靶结构为基础的发现和开发药物的过程，这是一个从盲目发现到理性设计和筛选药物的过程，也是对发病机制、药物作用机理从无知到逐渐认识的过程。人类基因组计划的完成以及后续功能基因组学、结构基因组学和蛋白质组学研究的开展，深刻地改变了药物研发的策略，形成新药研究的新模式——从基因功能到药物。这是人类药物发现史上一次革命性的突破，基因组学和蛋白质组学不仅大大增加了药物靶标的潜在数量，而且对制药工业开发新药物的能力也产生了直接的影响❶。

（一）药物靶标的发现与识别

药物研究是一个不断推陈出新的过程，全球每年推出 50 种新药，每种新药都是针对某一靶点，即对药物起作用的机体微细部分，谓之药物靶标。寻找与人类疾病相关的药物靶点是新药研发的第一个环节。❷人类基因组计划为揭示人类疾病机理提供了大量的基因信息，如与人类疾病相关的疾病基因及基因编码的相关蛋白质信息，这些与疾病密切相关的基因和蛋白质都可以作为潜在的药物靶点，用于新药开发。❸药物靶标的研究可在两个层面进行：基因和蛋白质。基因组学和蛋白质组学研究的开展，提供了丰富的基因和蛋白质结构、功能信息，如何将这些信息转换为有效的靶标是目前组学研究的主要挑战之一。

基因组决定潜在的基因或蛋白质的表达，但并不能反映细胞、组织或个体间特异性蛋白质的表达、表达的丰度、翻译后修饰以及选择性剪切等信息。这些信息的获取依赖蛋白质组学的研究。

目前应用于新药靶点发现的技术有基因组学技术、蛋白质组学技术以及生物信息学技术。基因组学技术包含差异基因表达技术、表达序列标签技术等。

❶ 庞乐君. 基因组学和蛋白质组学对新药研发的影响 [J]. 中国人民解放军军事医院科学院，2005.
❷ 庞乐君，王松俊，刁天喜. 基因组学和蛋白质组学对新药研发的影响 [J]. 军事科学医学院院刊，2005, 29（1）：77-79.
❸ 叶能胜，梁琼麟，等. 化学基因组学研究进展及其应用 [J]. 中国天然药物，2004.

（二）药物靶标的确认

应用基因组学和蛋白质组学技术可以获得潜在的药物靶标。这些靶标是否能够真正成为研发有效药物的工具还有待验证。实际上，靶标确证，尤其是排除无效靶标是药物发现早期过程中十分关键的步骤。目前，学界取得的基本共识是，作为药物靶标的基因或蛋白质必须在病变细胞或组织中表达，并且在细胞培养体系中可以通过调节靶标活性改善相关表现，最终这些效应必须在疾病动物模型中再现。在证明药物在人体内有效之前，并不能真正确证药物靶标的价值。此外，在确认靶标的同时还可实现对药物先导物初期的筛选，这一过程资源密集并且成功率较低。

药物靶标的发现对新药物的研究具有决定性的意义，目前已有许多新技术、新方法可加快这一阶段的研究，如生物信息学、芯片技术、细胞筛选技术、结构基因组学以及蛋白质组学技术等。其中细胞筛选技术是人类基因功能研究的枢纽，其他技术获得的药物靶标必须通过细胞筛选技术的鉴定和验证才能用于动物体内实验以及后续开发。

（三）筛选和优化先导化合物

在先导物优化中应用创新技术控制进入后续研究阶段候选药物的质量，可以达到缩短整个开发时间的目的。基因组学和蛋白质组学技术除能够促进药物靶标的发现外，还有助于先导化。

在基因组学和蛋白质组学发展的这十几年中，药物筛选已经有了很大的发展，主要包含以下几个层次：

第一，计算机虚拟筛选和计算机辅助设计。

第二，利用基因芯片和蛋白质芯片建立分子水平的药物筛选模型。

第三，利用离体培养细胞株、转基因细胞株进行细胞水平上的药物筛选。

第四，转基因和基因敲除动物筛选模型。

第五，人体临床筛选。近年来，随着科学技术的进步，在新药研究中形成了药物发现过程的新方法，出现了高通量筛选体系，它们将组合化学、基因组学和蛋白质组学、生物信息学和自动化仪器等先进的技术进行组合，形成一种发现药物的新程序。

1.化学基因组学

化学基因组学技术是一种用来开发靶位结构相似药物的研究方法，它的目的是为基因组中的每一个生物大分子（主要是蛋白质）寻找一类特异性结合的小分子化合物（天然产物或合成化合物），再用这些化合物为探针研究基因组的功能以及发现新的药物作用靶标、途径和网络。化学基因组学是一种非线性平行技术，与组合化学库联用，可以在快速、有效地测定药物靶位功能的同时识别相对应的小分子先导药物，大大优化了药物的研究开发。

2.结构基因组学

在确认蛋白质靶标之后，结构基因组学技术可用于药物设计与先导化合物优化。随着功能基因组和结构基因组研究的快速进展，以及人们对疾病发生、发展机理在分子水平上认识程度的不断加深，与重大疾病相关的生物靶标分子被不断发现。一旦获得某一特定的蛋白质靶标，通常就可以开展蛋白质结晶的表达和纯化。蛋白质晶体结构信息有助于生成合适的药物候选物，因为计算机虚拟筛选软件可以根据蛋白质的结构寻找能在靶标蛋白质表面结合的化合物。

（四）药物毒性基于作用机制的评估

药物研发与药理学、毒理学研究密切相关。生物体是一个复杂的系统，只有将从基因、蛋白质、代谢物等不同水平上观察到的各种相互作用、代谢途径、调控通路的改变综合起来，才能全面、系统地阐明复杂的毒性效应。

基因表达是大部分机体对异质物反应的枢纽，利用基因组学方法研究毒理学机制具有独到优势。基因组水平研究毒物作用于基因表达的相互影响，基因的多态性也影响着药物的代谢、活性、作用途径和不良反应等，使药物的作用呈现多态性。通过对药物作用靶基因及控制药物活性、分布、消除的基因变异体的功能鉴定，可以预测药物对个体的有效性和安全性，如此可以减少新药开发的风险，降低药物的毒副作用。

蛋白质是生命活动的执行分子，毒物对机体的损伤主要是通过蛋白质来实现的，许多药物的毒性作用并不直接影响基因表达，而是通过与蛋白质结合或改变大分子的结构来发挥其毒性。蛋白质组学技术在毒理学研究中的应用包括三个方面：一是毒性机制研究，即从蛋白质角度研究外源性化合物对机体可能的毒性作用机制；二是筛选与预测毒作用靶标，即筛选特定的蛋白质作为外源性化合物安全性评价的生物标志物；三是通过与已知毒性药物的蛋白质表达谱进行比较，来预测新化合物的潜在毒性。

毒理基因组学及其发现的毒性生物标记物将药物毒性优化筛选和评价贯穿于新药发现、临床前和临床安全性评价的整个过程中，可以在新药发现阶段对新化合物实体（NCEs）进行毒理学与药理学、药效学、药代学相结合的筛选和优化，通过综合分析各项指标，从中选出候选新药并进行后续研究以及结构优化改造。

二、蛋白质组学数据在药物靶点识别和药效评估中的应用

蛋白质组学数据在药物发现和研发领域具有广泛的应用，在药物靶点识别和药效评估方面尤为重要，为药物设计和研发提供了关键的依据和支持。

（一）识别潜在的药物靶点

在药物发现和研发领域，蛋白质组学数据的应用为识别潜在的药物靶点提供了强有力的工具和方法。通过对蛋白质组数据的全面分析，研究者可以深入了解细胞内蛋白质的表达情况、互作关系以及参与的功能通路，从而发现与疾病发生发展密切相关的潜在药物靶点。

1. 分析疾病组织与健康组织的蛋白质表达谱

通过比较疾病组织与健康组织的蛋白质表达谱，我们可以深入了解疾病发生和发展过程中蛋白质的动态变化，从而揭示疾病的发病机制和生物学特征。这种比较分析不仅可以帮助研究者发现与特定疾病相关的蛋白质，还可以识别出在疾病发展过程中表达水平显著变化的蛋白质，这些蛋白质往往承担着关键的生物学功能，可能在疾病的发生和发展中发挥着重要作用。

第一，通过蛋白质组学技术的高通量分析，研究者可以获取大量的蛋白质表达数据，包括疾病组织和健康组织中的蛋白质组成和表达水平。这些数据可以通过生物信息学技术进行处理和分析，比较两种不同状态下的蛋白质表达谱，从而发现表达水平显著变化的蛋白质。这些变化可能包括某些蛋白质在疾病组织中的过度表达或下调，以及新的蛋白质在疾病组织中的表达等。

第二，通过对这些差异蛋白质进行功能和通路分析，研究者可以进一步了解这些蛋白质在疾病发生和发展中的生物学功能及其参与的通路和网络。这有助于揭示疾病的发病机制，并发现潜在的治疗靶点。例如，一些过度表达的蛋白质可能是疾病的驱动因子，针对这些蛋白质的药物干预可能会对疾病产生治

疗效果；而一些下调的蛋白质可能是正常细胞功能的调节因子，恢复其正常表达水平可能有助于恢复细胞的正常功能。

第三，通过进一步的实验验证和临床研究，研究者可以验证这些潜在的药物靶点的生物学功能和治疗效果，从而为药物设计和研发提供重要的依据和方向。例如，可以通过体外细胞实验和动物模型验证这些靶点在疾病发生和发展中的作用，进而筛选出具有治疗潜力的药物靶点；同时，可以针对这些靶点的药物的安全性和有效性进行临床试验评估，从而加速新药的临床转化过程。

2. 探索关键通路中的调控蛋白

在疾病的发生和发展过程中，多个异常调节的信号通路往往扮演着关键角色。这些信号通路涉及一系列蛋白质的相互作用和调控，对细胞的生长、增殖、凋亡等生物学过程具有重要影响。通过利用蛋白质组学数据，研究者可以深入探索这些关键通路中的调控蛋白，从而发现在疾病发展过程中具有重要生物学功能的靶点。

第一，对疾病组织和健康组织的蛋白质组成进行比较分析，研究者可以识别出在疾病状态下表达水平显著变化的蛋白质，从而找到可能参与调控信号通路的关键蛋白质。这些蛋白质可能是信号通路中的调控因子或关键分子，其异常表达或功能异常可能导致信号通路的失衡，进而影响疾病的发生和发展。

第二，通过对蛋白质—蛋白质相互作用网络的分析，研究人员可以揭示调控蛋白之间的相互作用关系和调控网络。这些相互作用关系构成了信号通路的复杂网络结构，通过分析这些网络，研究人员可以识别出在疾病发展中起关键调控作用的蛋白质。这些蛋白质可能是信号通路的节点蛋白或关键调节因子，对信号通路的功能和稳定性具有重要影响。

第三，通过对调控蛋白的功能和生物学特性的进一步研究，研究人员可以深入了解其在疾病发展中的作用机制和生物学功能。这些调控蛋白质可能通过调节细胞信号传导、基因转录、蛋白质合成等方式，参与调控疾病相关的生物学过程，是疾病发展的关键节点和靶点。

3. 利用蛋白质相互作用网络分析方法

蛋白质相互作用网络分析方法在疾病研究和药物靶点筛选中发挥着重要作用。这种方法基于对蛋白质间相互作用关系的建模和分析，能够揭示复杂的细胞信号传导网络，帮助研究人员识别出在疾病通路中具有关键作用的蛋白质。

这些关键蛋白质在网络中扮演着重要的节点角色，其异常表达或功能异常可能成为疾病发生和发展的关键因素。因此，针对这些关键蛋白质进行药物干预可能会对疾病产生显著的治疗效果。

第一，蛋白质相互作用网络是通过整合大量的生物学实验数据和计算模型构建而成的。这些数据有多种来源，包括蛋白质相互作用实验、蛋白质结构预测、基因表达谱分析等。将这些数据整合到一个网络中，研究人员可以更全面地了解细胞内蛋白质之间的相互作用关系，从而深入理解复杂的信号传导通路和调控网络。

第二，利用蛋白质相互作用网络分析方法，研究人员可以识别出在疾病通路中具有关键作用的蛋白质。这些关键蛋白质往往在网络中拥有重要的拓扑结构特征，如高度连接性、中心性等。它们可能是信号传导通路的核心调节因子，参与调控多个生物学过程。通过分析这些关键蛋白质及其在网络中的相互作用关系，研究人员可以深入理解疾病的发生机制和发展过程。

第三，基于蛋白质相互作用网络分析的结果，研究人员可以针对这些关键蛋白质进行药物靶点的筛选和优化。通过设计和开发针对这些蛋白质的特异性药物，研究人员有望实现对疾病通路的精准干预，从而达到治疗疾病的目的。这种策略为药物研发提供了重要的线索和指导，有望加速新药的发现和临床应用。

（二）评估药物对靶点的亲和性和选择性

药物与靶点之间的亲和性是药物设计和研发中至关重要的指标之一。蛋白质组学技术在评估药物与靶点的亲和性方面发挥着关键作用。通过结合蛋白质组学技术的多种方法和手段，研究人员可以对药物与靶点蛋白之间的结合情况进行准确、全面地评估，为药物设计和研发提供重要的支持和指导。

1. 蛋白质结构预测

蛋白质结构预测在药物研发领域中扮演着至关重要的角色。通过预测蛋白质的结构，研究人员能够深入了解其在生物体内的功能和相互作用方式，为药物设计和研发提供关键的信息。蛋白质结构预测主要通过蛋白质组学技术和计算生物学方法实现，包括基于序列相似性、结构模拟、机器学习等多种方法。

第一，蛋白质结构预测是基于蛋白质序列的分析和模拟。通过分析蛋白质序列的保守性和功能域，研究人员可以推测其可能的结构特征和结合位点。然后，利用生物物理学原理和计算方法，可以进行蛋白质的结构模拟和预测，得到其可能的三维结构。这种方法能够帮助研究人员理解蛋白质的空间构型和功能区域，为药物靶点的筛选和药物设计提供重要的参考。

第二，蛋白质结构预测也可以通过结合实验数据和计算模型来实现。利用实验技术如 X 射线晶体学、核磁共振等获取部分蛋白质的结构信息，然后通过计算模型进行结合和优化，可以预测其他相关蛋白质的结构。这种方法能够提高结构预测的准确性和可靠性，为药物设计提供更可靠的依据。

第三，蛋白质结构预测在评估药物与靶点的亲和性和选择性方面具有重要意义。通过预测靶点蛋白的结构，研究人员可以了解药物与靶点之间的结合方式和相互作用模式。结合药物分子的结构信息，可以预测药物与靶点之间的亲和性及结合能力，从而指导药物的设计和优化。这种方法能够帮助研究人员筛选出具有良好靶向性和选择性的药物候选化合物，减少不必要的副作用和毒性反应，提高药物的安全性和有效性。

2. 蛋白质—蛋白质相互作用分析

蛋白质—蛋白质相互作用分析在药物研发中扮演着至关重要的角色。除了药物与靶点之间的相互作用外，蛋白质与蛋白质之间的相互作用也对药物的靶向性和选择性起着关键作用。利用蛋白质组学技术，研究人员能够深入研究靶点蛋白与其他蛋白质之间的相互作用网络，揭示这些相互作用在细胞内的功能调控机制。

第一，蛋白质—蛋白质相互作用网络是由大量蛋白质间的物理相互作用构成的复杂网络结构。这些相互作用可以是直接的蛋白质—蛋白质结合，也可以是间接的调控关系，如酶促反应、信号传导等。通过实验技术如酵母双杂交、共沉淀等，以及计算生物学方法如结构预测、功能富集分析等，研究人员能够构建和分析这些相互作用网络，从而深入了解蛋白质间的相互关系及其在细胞内的调控作用。

第二，通过分析靶点蛋白与其他蛋白质之间的相互作用网络，研究人员可以揭示靶点蛋白质在细胞内的功能调控机制。靶点蛋白质往往是相互作用网络中的重要节点，其与其他蛋白质的相互作用对细胞的生物学过程具有重要影响。通过研究靶点蛋白质的相互作用对象和调控通路，研究人员能够深入了解其在疾病发生和发展中的作用机制，为药物的设计和研发提供重要线索。

第三，蛋白质—蛋白质相互作用分析有助于评估药物对靶点的选择性。药物的选择性是指其是否能够特异性地作用于目标蛋白质而不影响其他相关蛋白质的功能。通过分析靶点蛋白质与其他蛋白质的相互作用网络，研究人员可以评估药物对靶点的影响是否受到其他蛋白质的调控或干扰，从而预测药物的选择性和副作用。这有助于研究人员设计具有良好靶向性和选择性的药物候选化合物，减少药物的不良反应和毒性。

3. 分子对接技术

分子对接技术在药物研发领域中扮演着至关重要的角色，它是评估药物与靶点之间相互作用的重要工具之一。通过蛋白质组学技术，研究人员可以利用分子对接技术模拟药物与靶点蛋白质之间的结合过程，从而预测药物与靶点之间的结合位点和结合模式。首先，分子对接技术基于分子的结构信息和物理化学原理，通过计算方法模拟药物分子与靶点蛋白质之间的结合过程。这种模拟通常分为两个步骤：配体的对接和评分。在配体对接阶段，药物分子的结构会被灵活地调整，以找到最适合靶点蛋白质的结合位点和构象；在评分阶段，根据配体与靶点的相互作用能力和结合模式，对配体—靶点复合物的稳定性进行评估和打分。其次，通过分子对接技术，研究人员可以评估药物与靶点之间的结合亲和性和特异性。结合位点的预测和结合模式的分析，可以帮助研究人员理解药物与靶点之间的相互作用方式，从而评估药物的结合能力和选择性。这有助于指导药物的设计和优化，提高药物的靶向性和安全性。最后，分子对接技术还可以评估不同药物分子之间的竞争性结合情况。通过模拟不同药物分子与同一靶点蛋白的结合过程，研究人员可以评估它们之间的相互竞争情况，了解哪种药物分子更有可能优先结合靶点。这有助于为药物的选择和优先级排序提供重要的参考依据，为药物研发的决策提供科学依据。

（三）预测药物的药效和毒性

蛋白质组学数据的应用为药物药效和毒性的预测提供了新的视角和方法。通过分析蛋白质组数据，可以揭示药物与蛋白质之间的相互作用方式和机制，从而推断药物的治疗效果和不良反应。同时，结合临床数据和生物信息学技术，还可以预测药物在不同个体中的药效和毒性差异，为个体化治疗提供支持。

1.药物与蛋白质相互作用的分析

蛋白质组学技术可以帮助揭示药物与蛋白质之间的相互作用方式和机制。通过分析药物与靶点蛋白的结合位点、结合模式以及结合能力等参数，研究人员可以预测药物对靶点的亲和性和选择性。这有助于评估药物的治疗效果和副作用，为药物的设计和研发提供重要依据。同时，蛋白质组学技术还可以揭示药物对细胞内其他蛋白质的影响，从而预测药物的全面影响和不良反应。

2.蛋白质组数据与临床数据的整合分析

结合临床数据和蛋白质组学数据，可以更准确地预测药物的药效和毒性。通过整合不同类型的数据，可以建立多维度的预测模型，更全面地评估药物的效果和安全性。例如，结合药物在不同个体中的代谢特征和蛋白质组数据，可以预测药物在不同个体中的药效和毒性差异，为个体化治疗提供支持。这种综合分析可以帮助研究人员更全面地了解药物的作用机制和影响因素，从而指导临床应用和药物治疗方案的制定。

3.机器学习算法的应用

机器学习算法在药物药效和毒性预测中发挥着重要作用。结合蛋白质组学数据和药物化学信息，可以建立药物药效和毒性的预测模型。这些模型可以利用大量的已知数据进行训练，从而预测未知药物的药效和毒性。机器学习算法可以对复杂的数据进行高效处理和分析，为药物的临床前和临床阶段的评价提供可靠依据。这为药物的快速筛选和开发提供了新的途径和方法。

三、蛋白质组学在新药开发和药物筛选中的作用

蛋白质组学在新药开发和药物筛选中扮演着至关重要的角色，其高通量的分析方法和全面的生物信息学技术为药物研发提供了信息和支持。以下将从发现新的药物靶点和生物标志物、评估候选化合物的药效和毒性，以及优化药物设计等方面，阐述蛋白质组学在新药开发和药物筛选中的作用。

（一）发现新的药物靶点和生物标志物

蛋白质组学数据分析是寻找新的药物靶点和生物标志物的重要工具之一。通过分析疾病组织与正常组织之间的蛋白质表达差异，研究人员可以发现与疾病相关的潜在药物靶点。同时，蛋白质组学还能够识别特定蛋白质在疾病发展中的变化，这些蛋白质也可以作为生物标志物用于药物筛选和治疗监测。

1. 发现新的药物靶点

在药物研发领域，发现新的药物靶点是一个至关重要的环节。蛋白质组学技术通过分析疾病组织与正常组织的蛋白质表达谱，为发现新的药物靶点提供了有力支持。这一过程不仅需要全面了解蛋白质的表达情况，还需要对其在生物学功能和信号通路中的作用有深入地理解。

（1）比较蛋白质表达谱

通过比较疾病组织与正常组织的蛋白质表达谱，研究人员可以发现在疾病发生发展过程中表达水平显著变化的蛋白质。这些蛋白质往往是疾病发展的关键因素，在细胞信号传导、代谢调节、细胞周期等生物学过程中发挥着重要作用。

（2）确定潜在的药物靶点

通过蛋白质组学技术的高通量分析，研究人员可以识别出这些潜在的药物靶点。这些靶点可能是与疾病发生发展密切相关的蛋白质，其表达水平的异常变化可能导致疾病的发生和进展。因此，针对这些靶点的药物干预可能会对疾病产生显著的治疗效果。

（3）为药物设计和研发奠定基础

新药物靶点的发现为进一步的药物设计和研发奠定了基础。借助蛋白质组学技术，研究人员可以深入了解这些靶点的结构、功能和作用机制，从而有针对性地设计药物分子，实现对疾病相关生物学过程的干预。

2. 发现生物标志物

生物标志物是指可以在生物体内检测到的具有生物学意义的分子或细胞结构，其变化与疾病的发生、发展及治疗效果相关。通过分析疾病组织、血液或其他生物样本中的蛋白质表达谱，可以发现与疾病相关的生物标志物，并进一步验证其在诊断、预后和治疗监测中的临床应用价值。

（1）发现疾病相关的蛋白质变化

蛋白质组学技术可以全面分析疾病组织、血液或其他生物样本中的蛋白质表达谱。通过比较疾病样本与健康对照样本，研究人员可以发现在疾病发展中表达水平发生显著变化的蛋白质。这些蛋白质可能在疾病的发生、发展和治疗过程中起着关键作用，因此具有作为生物标志物的潜力。

（2）验证生物标志物的临床应用价值

发现潜在的生物标志物后，需要进一步验证其在诊断、预后和治疗监测中的临床应用价值。这包括建立大样本临床队列，对生物标志物与疾病发展及治疗效果之间的关联进行深入研究。通过临床试验和临床前研究，可以评估生物标志物的敏感性、特异性、预测性以及治疗监测的可靠性。

（3）提高疾病管理水平

发现和验证生物标志物的临床应用价值可以提高对于疾病的诊断和治疗水平。准确、快速地检测生物标志物有助于早期诊断疾病、预测疾病进展和评估治疗效果，从而指导个体化治疗方案的制定，提高治疗效果和生存质量。

（二）评估候选化合物的药效和毒性

蛋白质组学数据在评估候选化合物的药效和毒性方面发挥着重要作用。通过分析候选化合物与靶点蛋白之间的相互作用，研究人员可以预测药物的药效和治疗效果。同时，结合蛋白质组学数据和毒性数据库，研究人员可以评估候选化合物的毒性和不良反应，从而减少临床前和临床试验中的失败率。

1. 预测药效和治疗效果

候选化合物的药效是指其对疾病的治疗效果和疗效的预测能力。蛋白质组学数据分析可以帮助研究人员理解候选化合物与靶点蛋白质之间的相互作用方式和机制。通过模拟药物与靶点蛋白的结合过程，研究人员可以预测药物的结合亲和性、特异性以及结合模式，从而推断其药效和治疗效果。这有助于筛选具有良好治疗效果的候选化合物，提高药物研发的成功率和效率。

2. 评估毒性和不良反应

除了药效外，候选化合物的毒性和不良反应也是药物研发过程中需要重点考虑的因素之一。蛋白质组学数据与毒性数据库的结合分析可以帮助研究人员评估候选化合物的毒性潜力。通过分析候选化合物与非靶点蛋白的相互作用、通路调控等信息，研究人员可以预测其可能的毒性效应和不良反应。这有助于在临床前和临床试验阶段发现潜在的安全隐患，及早进行调整或淘汰，减少药物研发的失败率。

3. 临床应用前景

评估候选化合物的药效和毒性是药物研发过程中的关键一步。准确预测药物的治疗效果和不良反应，有助于提高药物的安全性和有效性，减少临床试验的时间和成本。基于蛋白质组学数据的药效和毒性评估方法，为新药的发现和设计提供了重要的技术支持和科学依据。未来，随着技术的不断发展和数据的不断积累，相信蛋白质组学在药物研发领域的应用将会更加广泛，为人类健康带来更多的福祉。

（三）优化药物设计

蛋白质组学数据不仅可以用于发现新的药物靶点和评估药效与毒性，还可以用于优化药物设计。通过深入分析候选化合物与靶点蛋白的结合模式和作用机制，可以设计出更具选择性和靶向性的药物分子。此外，蛋白质组学数据还有助于预测药物在体内的代谢途径和药效调控机制，为药物的优化设计提供了重要参考。

1. 设计更具选择性和靶向性的药物分子

通过对蛋白质组学数据的深入分析，研究人员可以了解候选化合物与靶点蛋白之间的结合模式和相互作用机制。这些信息为设计更具选择性和靶向性的药物分子提供了重要的指导，即能够特异性地结合于目标蛋白质而不影响其他相关蛋白质的功能。这种药物设计策略对于提高药物的治疗效果并减少副作用具有重要意义。

（1）深入了解结合模式和相互作用机制

利用蛋白质组学数据，研究人员可以探索候选化合物与靶点蛋白之间的结合模式和相互作用机制。这包括分析蛋白质的结构特征、功能区域以及与候选化合物之间的相互作用方式。通过了解药物分子与靶点蛋白的结合位点、结合模式以及结合能力等关键信息，研究人员可以有针对性地设计药物分子，以实现更好的结合亲和性和特异性。

（2）设计更高结合亲和性和更好特异性的药物分子

基于蛋白质组学数据的分析结果，研究人员可以设计出具有更高结合亲和性和更好特异性的药物分子。例如，根据靶点蛋白的结构特征和药物的化学结构，研究人员可以进行分子模拟和分子对接实验，预测药物与靶点之间的结合位点和结合模式。通过这些信息，研究人员可以针对性地设计出能够与靶点蛋白特异性结合的药物分子，从而实现更好的治疗效果并减少副作用。

（3）提高药物的治疗效果并减少副作用

设计更具选择性和靶向性的药物分子有助于提高药物的治疗效果并减少副作用。特异性地结合于目标蛋白质可以有效地调节生物学过程，实现对疾病的精准干预，同时减少对其他相关蛋白质的影响，降低不良反应的发生率，提高患者的生存质量。

2. 预测药物在体内的代谢途径和药效调控机制

蛋白质组学数据的分析为预测药物在体内的代谢途径和药效调控机制提供了重要的支持。通过分析药物与代谢酶、转运蛋白质等相关蛋白质的相互作用，研究人员可以揭示药物在体内的代谢途径、药效调控机制以及药物与生物体之间的相互作用模式，从而为药物设计和研发提供重要的指导和依据。

（1）分析药物与代谢酶的相互作用

代谢酶在体内负责将药物转化为可溶性代谢产物，从而影响药物的代谢速率和代谢途径。通过分析药物与代谢酶之间的结合方式和结合能力，研究人员可以预测药物在体内的代谢途径，为药物的代谢动力学提供重要线索。

（2）探索药物与转运蛋白质的相互作用

转运蛋白参与药物在细胞膜上的转运和运输过程，影响药物在体内的分布和排泄。通过分析药物与转运蛋白质之间的相互作用，研究人员可以预测药物在体内的分布情况和药效调控机制，为药物的药理特性优化提供关键信息。

（3）优化药物的结构和药理特性

基于蛋白质组学数据的分析结果，研究人员可以针对药物与代谢酶、转运蛋白质等关键蛋白质的相互作用特征，优化药物的结构和药理特性。通过调整药物分子的化学结构、改进药物的代谢途径和提高药物的生物利用度，研究人员可以提高药物的临床疗效和安全性。

3. 提供重要参考

综合以上分析，蛋白质组学数据在药物设计优化中扮演着重要角色，为药物研发提供了重要参考。通过深入理解药物与靶点蛋白质之间的相互作用方式和机制，研究人员可以设计出更具选择性和靶向性的药物分子，同时预测药物在体内的代谢途径和药效调控机制，为药物的优化设计提供重要参考。随着技术的不断发展和数据的不断积累，相信蛋白质组学在药物设计优化领域的应用将会越来越广泛，为药物研发带来更多的突破和创新。

第七章　转录组学数据分析

第一节　转录组测序数据的处理和分析

一、转录组测序数据分析的基本流程

对转录组测序数据的处理和分析是研究细胞基因表达调控的关键步骤之一。转录组测序数据分析的基本流程包括质控、序列比对、基因表达量估计和差异表达分析。

（一）质控（Quality Control）

在转录组数据分析中，质控是确保数据质量和可靠性的关键步骤之一。质控的主要目标是评估测序数据的质量，并去除可能影响后续分析的噪声和低质量序列。常见的质控步骤包括：

1. 测序质量评估

在质控过程中，首先需要对原始测序数据进行测序质量评估。常用的工具有 FastQC，它能够检查测序片段的长度分布、测序错误率、测序质量分布等指标。通过对这些指标的分析，研究人员可以全面了解测序数据的质量状况，为后续的数据处理提供支持。

2. 去除接头序列

接头序列是在测序过程中引入的短序列，通常用于标识 DNA 片段的起始和终止位置。然而，接头序列的存在可能会影响后续的序列比对和基因表达量估计。因此，在质控阶段，需要根据测序平台和实验设计，利用工具如 Cutadapt 或 Trimmomatic 去除测序数据中的接头序列，以减少接头序列对后续分析的干扰。

3. 过滤低质量序列

测序数据中可能存在低质量的序列，这些序列可能因测序仪器或化学反应过程中的误差而产生。为了排除这些干扰因素，需要对测序数据进行质量过滤。常用的工具如 Trimmomatic 可以根据预设的质量阈值去除低质量的测序片段，提高数据的质量和可靠性。

（二）序列比对（Sequence Alignment）

序列比对是将清洗后的测序数据与参考基因组或转录组序列进行比对，以确定每个基因的表达水平。常见的序列比对工具包括 Bowtie、STAR、HISAT 等。序列比对的主要步骤包括：

1. 索引构建

在进行序列比对之前，需要针对参考基因组或转录组序列构建索引。索引是一种数据结构，能够加速比对过程，提高比对效率。通常，可以使用软件包如 Bowtie、STAR、HISAT 等来构建索引。这些软件包能够根据参考序列的特点，构建相应的索引文件，以便后续的比对操作。

2. 比对操作

一旦索引构建完成，接下来就是将清洗后的测序数据比对到参考序列上。这一步骤通常通过比对软件完成，如 Bowtie2、STAR、HISAT2 等。比对操作将测序数据映射到参考序列上，并生成比对文件，常见的格式包括 SAM（Sequence Alignment/Map）和 BAM（Binary Alignment/Map）。比对文件中有每个测序片段在参考序列上的比对信息，包括序列的起始位置、方向、匹配质量等。

（三）基因表达量估计（Gene Expression Quantification）

基因表达量估计是确定每个基因在每个样本中的表达水平。常用的方法包括读数计数和 RPKM 等。主要步骤包括：

1. 读数计数

读数计数是基因表达量估计的第一步，其目的是统计每个基因在每个样本中的测序片段数。这一步通常通过工具如 FeatureCounts 完成，它能够将比对后的测序数据按基因进行分组，统计每个基因的读数。在计数过程中，研究人员可以根据基因的不同亚型考虑可变剪接事件，以确保计数的准确性。

1.增加样本量

增加样本量是提高统计功效的最直接和有效的方法之一。样本量的增加可以降低统计误差，增加实验的重复性，提高其对差异的敏感度，从而更准确地检测差异表达基因。特别是在样本量较小时，增加样本量对于确保分析结果的可靠性和稳定性至关重要。因此，在设计转录组实验时，应尽可能地增加样本量，以获得更可靠的分析结果。

2.采用合适的统计模型

对于不同样本大小的数据，需要选择适当的统计模型来进行数据分析。在转录组数据分析中，常用的统计模型包括负二项分布模型、泊松分布模型等。这些模型可以考虑到数据的离散性和过度离散性，适用于不同样本大小的数据集。通过选择合适的统计模型，研究人员可以更准确地估计基因表达水平，并检测差异表达基因。

3.引入技术重复

引入技术重复是提高数据可重复性和稳定性的有效方法之一。技术重复可以减少实验误差和测序偏差，增加数据的一致性和可靠性。在转录组实验中，可以通过多次重复同一样本的测序过程，或者通过并行测序多个样本来引入技术重复。这样可以获得更加可靠和稳定的数据，从而提高数据分析的准确性和可靠性。

（三）组织异质性（Tissue Heterogeneity）

转录组数据中的组织异质性可能导致基因表达的扭曲，影响差异表达分析的结果。为了解决这一问题，研究人员可以采取以下策略：

1.组织去污方法

组织去污方法是一种常用的方法，用于减少组织样本中不同细胞类型的异质性，从而降低基因表达的扭曲。这种方法通常利用组织学或细胞学特征，通过分离或去除特定细胞类型的信号，来纠正基因表达数据中的异质性。例如，可以使用 LCM（Laser Capture Microdissection）分离不同细胞类型的信号，或者通过细胞分选技术去除异质性细胞的信号。这些方法可以有效地减少组织样本中的细胞异质性，并提高数据分析的准确性和可靠性。

2. 细胞类型标记物分析

细胞类型标记物是一种特定细胞类型的基因或蛋白质，其表达水平可以反映细胞类型在组织样本中的比例。通过分析转录组数据中的细胞类型标记物，研究人员可以评估组织样本中不同细胞类型的比例，并进行相应的数据校正。例如，研究人员可以利用单细胞转录组数据中已知的细胞类型标记物，来估计组织样本中不同细胞类型的比例，并对数据进行细胞比例校正。这样可以降低组织样本中的细胞异质性对数据分析的影响，提高数据的可靠性和解释性。

第二节　基因表达调控网络分析

一、基因表达调控网络的构建和分析方法

（一）共表达网络（Co-expression Network）

1. 共表达网络的构建

（1）基因表达数据的获取

共表达网络的构建首先需要获取基因的表达数据，其通常是通过转录组测序技术获取的。这些数据可能包括来自不同条件、不同时间或不同组织样本的基因表达水平信息。基因表达数据的获取是共表达网络构建的第一步，其质量和完整性对后续分析的可靠性至关重要。

（2）计算基因之间的表达相关性

针对获得的基因表达数据，需要计算每一对基因之间的表达相关性。常用的方法包括 Pearson 相关系数和 Spearman 相关系数。Pearson 相关系数适用于线性关系的计算，而 Spearman 相关系数则更适用于非线性关系的计算。相关系数的计算可以基于基因在不同样本或条件下的表达量进行，从而得到基因之间的表达相似性度量。

（3）构建网络

通过计算得到基因之间的表达相关性，可以构建共表达网络。在共表达网络中，每个基因被表示为网络中的一个节点，而相关性高于设定阈值的基因对之间则连接一条边。通常，可以根据预先设定的相关性阈值或者基于网络稀疏

化算法来确定边的连接关系。构建好的共表达网络可以用图论方法来表示和分析，从而揭示基因之间的相互关系和调控网络的特征。

2. 共表达网络的分析方法

（1）网络拓扑分析

网络拓扑分析旨在评估共表达网络的结构特征，以揭示其组织结构和功能模式。常用的拓扑分析指标包括：

①节点度分布：评估网络中各节点的连接度分布情况，即节点的相邻节点数量。节点分布可以揭示网络的复杂性和节点之间的连接模式。

②网络密度：表示网络中已建立连接的节点之间的连接程度。网络密度越高，表示节点之间的连接越紧密，网络的信息传递效率越高。

③聚类系数：用于衡量网络中节点聚类成群的程度。聚类系数越高，表示网络中的节点越倾向于形成紧密的子网络或群集。

网络拓扑分析通过这些指标揭示了共表达网络中基因之间的相互联系和组织模式，有助于理解生物系统的结构和功能。

（2）模块发现

模块发现是识别共表达网络中具有相似表达模式的基因模块的过程。通过聚类或社区检测等方法可以将共表达网络中的基因划分为若干个模块，这些模块可能代表在特定生物过程或条件下共同参与的基因群。

①聚类方法：常用的聚类方法包括层次聚类、k-means 聚类等，将基因按照表达模式分成不同的组，从中识别出具有相似表达模式的基因模块。

②社区检测：社区检测算法可以将网络中的节点划分为不同的社区或子网络，其中在同一个社区内的节点具有较高的连接密度。这些社区可能对应于具有相似生物学功能或参与相同生物过程的基因模块。

模块发现的过程有助于识别共表达网络中的功能模块，为进一步研究基因的生物学功能和调控机制提供了重要线索。

（3）功能注释

功能注释旨在对共表达网络中的基因或模块进行功能注释和生物学解释，以揭示其在生物学过程中的作用和意义。常用的功能注释方法包括：

①基因本体论（Gene Ontology）分析：将基因注释到基因本体的不同层次上，从而揭示其参与的生物学过程、细胞组分和分子功能等信息。

②通路富集分析：将共表达网络中的基因映射到已知的生物通路上，通过富集分析来确定哪些通路在给定的条件下得到了显著富集，从而揭示其在特定生物过程中的功能作用。

功能注释的结果有助于解释共表达网络中基因或模块的生物学意义，为进一步研究提供重要的生物学线索和方向。

（二）基因调控网络（Gene Regulatory Network）

1. 基因调控网络构建方法

构建基因调控网络是理解基因表达调控的关键步骤之一，它可以帮助揭示转录因子与其靶基因之间的调控关系，从而展现基因调控的复杂性和动态性。

（1）转录因子结合位点预测

通过生物信息学方法，可以预测转录因子在基因组中的结合位点。这些方法是基于转录因子结合位点的序列特征和模式的，如 DNA 序列的保守性和转录因子结合的 DNA 结构特征等。常用的预测工具包括 Motif-based 方法和机器学习方法。Motif-based 方法基于已知的转录因子结合模式来进行预测，而机器学习方法则通过训练数据集学习转录因子结合位点的模式来进行预测。

（2）转录因子结合实验

利用实验技术，如染色质免疫共沉淀、染色质免疫沉淀后测序等，直接鉴定转录因子与基因组 DNA 的结合位点。这些实验可以提供高分辨率和高信噪比的转录因子结合数据，从而准确地确定转录因子的调控目标。

（3）表达调控模型

基于基因表达数据和转录因子结合位点信息，建立表达调控模型，预测转录因子对基因表达的调控关系。这些模型可以基于统计学方法或机器学习方法进行构建，如线性回归、逻辑回归、支持向量机等。

2. 基因调控网络分析技术

基因调控网络的分析技术包括调控关系预测、网络构建和网络拓扑分析等，这些技术可以帮助研究人员深入理解基因调控网络的结构和功能。

（1）调控关系预测

在基因调控网络分析中，调控关系预测是关键的一步，它利用转录因子结合位点预测和转录因子结合实验数据，来预测转录因子与其靶基因之间的调控关系。这一步骤对于理解基因调控网络的结构和功能至关重要，因为它提供了基因调控关系的全局视角，为后续网络构建和拓扑分析奠定了基础。

转录因子的识别是调控关系预测的第一步。转录因子是一类能够结合到DNA上的蛋白质，通过与DNA结合来调节基因的转录活性。在识别转录因子时，通常使用已知的DNA结合结构域或保守的DNA结合序列进行预测。此外，也可以基于转录因子的功能、结构和家族成员进行识别，以提高预测的准确性。

结合位点的寻找是调控关系预测的关键环节之一。一旦转录因子被确定，就需要确定其在基因组上的结合位点，这些位点通常位于基因启动子区域或其他调控元件上。结合位点的寻找可以通过计算生物学方法来实现，例如，基于DNA序列的启动子分析、转录因子结合模体的识别和序列保守性的富集分析等。

靶基因的筛选是调控关系预测的最后一步。一旦转录因子的结合位点被确定，就可以通过分析转录组数据或其他实验数据来确定其靶基因。靶基因通常被定义为与转录因子结合位点在空间上接近并在表达水平上受到调控的基因。因此，靶基因的筛选可以通过结合转录组数据的差异表达分析和结合转录因子结合位点的位置信息来实现。

（2）网络构建

网络构建是基因调控网络分析的关键步骤之一，它根据预测的调控关系，将转录因子和基因表示为节点，调控关系表示为边，构建基因调控网络。这一过程对于理解基因调控的复杂性和动态性，揭示转录因子与其调控的靶基因之间的关联至关重要。

基因调控网络的构建可以基于不同的数据来源和算法。一种常用的方法是基于转录因子结合位点预测和转录因子结合实验数据，通过确定转录因子与靶基因之间的调控关系构建基因调控网络。在这个过程中，转录因子和靶基因被表示为网络中的节点，而转录因子对靶基因的调控关系则被表示为网络中的边。

在基因调控网络中，边的方向通常代表着转录因子对靶基因的调控关系。如果转录因子对靶基因的调控是激活作用，则边的方向是从转录因子指向靶基因；如果是抑制作用，则边的方向是从靶基因指向转录因子。这种有向图的表示方式有助于理解转录因子与靶基因之间的调控模式和动态变化。

除了有向图外，基因调控网络也可以是无向图，其中边没有方向性。在这种情况下，网络中的边表示转录因子与靶基因之间存在调控关系，但不指示调控的方向。无向图的构建方式更加简单，适用于某些场景下对调控方向不太关心的情况。

（3）网络拓扑分析

第一，节点度分布是网络拓扑分析的重要指标之一。节点的度数指的是与该节点相连的边的数量。通过分析节点度分布，可以了解网络中节点的连接情况，是否存在具有特定度数的节点集群以及网络的整体连通性。在基因调控网络中，节点分布的分析有助于识别具有重要调控作用的核心节点，从而揭示基因调控网络的关键组成部分。

第二，网络密度是描述网络连接紧密程度的指标。网络密度越高，表示网络中的节点之间连接更加紧密，信息传递更加快速。通过分析基因调控网络的密度，可以评估调控关系的复杂程度和调控效率，进而了解网络中信息传递的速度和效率。

第三，模块化程度也是网络拓扑分析的重要内容之一。基因调控网络往往具有模块化的特点，即具有功能相关的基因倾向于聚集在网络中形成模块或子网络。通过分析网络的模块化程度，可以识别出具有相似生物学功能或调控模式的基因模块，从而揭示基因调控网络中的功能分区和模式。

在进行网络拓扑分析时，还可以考虑其他指标，如网络的中心性指标（如介数中心性、接近中心性等）、网络的聚类系数、节点的重要性等。这些指标的综合分析可以全面了解基因调控网络的结构和特性，为深入理解生物学调控机制和网络功能提供重要参考。

（三）基因表达调控网络的分析方法

基因表达调控网络的分析方法涵盖了网络拓扑分析、模块发现和功能注释等多个方面，这些方法为理解基因调控网络的结构和功能提供了有力支持。

网络拓扑分析是评估基因调控网络结构特征的重要方法之一。通过分析网络中节点的连接关系和性质，可以揭示网络的组织结构和功能模式。其中，节点度分布反映了网络中节点的连接程度，网络密度描述了网络中节点之间连接的紧密程度，节点中心性则衡量了节点在网络中的重要性和影响力。通过网络拓扑分析，可以识别网络中的关键节点和子网络，从而揭示基因调控网络的整体结构和特征。

模块发现是基因表达调控网络分析的另一个重要方面。基于网络拓扑结构或基因表达数据，可以利用聚类算法或社区发现算法等方法识别具有相似功能或关联的基因模块。这些模块通常代表在特定生物学过程中协同工作的基因群，有助于研究人员理解基因在调控网络中的功能组织和相互作用模式。通过模块发现可以发现潜在的生物学机制和调控通路，为进一步的功能研究提供线索和方向。

功能注释是对基因表达调控网络中的基因或模块进行生物学解释和注释的关键步骤。通过功能注释，可以确定基因或模块的生物学功能、通路参与和相关性等信息，从而揭示其在生物学过程中的作用和意义。常用的功能注释方法包括基因本体（Gene Ontology）分析、通路富集分析和蛋白质—蛋白质相互作用网络分析等。这些功能注释方法可以帮助解释基因调控网络的生物学含义，为后续的生物学研究和临床应用提供理论支持和实验方向。

二、转录组数据在基因表达调控研究中的应用案例

在基因表达调控研究中，转录组数据的应用案例丰富多彩，下面将针对免疫应答、代谢调控和疾病研究等方面进行详细分析，展示其在这些领域的重要作用。

（一）免疫应答

1. 背景介绍

免疫应答是机体对外界致病因素的一种防御性反应，涉及复杂的信号传导、基因表达调控等过程。免疫应答的研究对于研究人员理解免疫系统的功能以及免疫相关疾病的发生和治疗具有重要意义。转录组数据在免疫应答研究中的应用，可以揭示免疫调控的分子机制和调控网络，为新药开发和治疗策略的制定提供重要依据。

2. 研究方法与数据来源

一项免疫应答研究使用转录组数据分析了T细胞在免疫反应中的基因表达模式。研究采集了来自不同条件下（如免疫刺激前后、不同时间点等）T细胞的转录组数据，包括RNA测序数据和微阵列数据。这些数据涵盖了T细胞在免疫应答过程中的基因表达变化，为揭示免疫调控网络提供了重要信息。

3. 研究结果与发现

通过对T细胞转录组数据的分析，研究人员发现了一系列调控免疫反应的

基因集合。这些基因集合包括了在免疫刺激后显著上调或下调的基因，涉及免疫应答途径的关键调节因子和信号通路。进一步的功能富集分析表明，这些基因集合主要涉及免疫细胞活化、信号传导、细胞因子释放等免疫相关过程。此外，基因集合中还包括了一些新的调控因子和潜在的调控机制，为免疫应答的分子机制研究提供了新的视角和线索。

4. 研究意义与展望

该研究揭示了 T 细胞在免疫反应中的基因表达模式，并识别了一系列调控免疫反应的基因集合。这些发现不仅有助于理解免疫应答的调控机制，还为免疫相关疾病的治疗和预防提供了新的靶点和策略。未来，可以进一步挖掘这些基因集合中的调控机制，探索免疫调控网络的结构和功能，为免疫疾病的治疗提供更加精准的策略和方法。

通过对这一案例的详细分析，可以看出转录组数据在免疫应答研究中的重要作用，为研究人员深入理解免疫系统的功能和疾病的发生机制提供了重要的理论和实验基础。

（二）代谢调控

1. 背景介绍

代谢调控是生物体内维持能量平衡和生物学功能的重要过程，涉及多个器官、组织和信号通路的协调作用。转录组数据在代谢调控领域的应用能够揭示基因在代谢过程中的表达模式和调控网络，从而为代谢性疾病的预防和治疗提供理论和实验基础。

2. 研究方法与数据来源

一项代谢调控研究利用转录组数据揭示了肝脏在糖代谢调控中的关键基因模块。研究收集了来自正常和糖尿病模型动物（如小鼠或大鼠）肝脏的转录组数据，包括 RNA 测序数据和基因表达芯片数据。这些数据反映了肝脏在正常和疾病状态下基因表达的变化，为揭示糖代谢调控网络提供了重要信息。

3. 研究结果与发现

通过对肝脏转录组数据的分析，研究人员发现了一系列在糖代谢调控中的关键基因模块。这些基因模块包括在糖尿病模型动物中显著上调或下调的基因集合，涉及糖代谢途径、胰岛素信号通路、葡萄糖转运等关键调节因子和通路。

进一步的功能富集分析表明，这些基因模块主要参与了肝脏在糖代谢调控中的关键生物学过程，如葡萄糖合成、糖原储存、糖异生等。

4. 研究意义与展望

该研究揭示了肝脏在糖代谢调控中的基因表达模式，并识别了一系列在糖尿病中可能起关键作用的基因模块。这些发现不仅有助于理解糖代谢的调控机制，还为糖尿病等代谢性疾病的治疗和预防提供了新的靶点和策略。未来，研究人员可以进一步探索这些基因模块中的关键调控因子和调控机制，开发新的治疗策略和药物靶点，为代谢性疾病的治疗提供更加有效的手段。

通过对以上案例的详细分析，可以看出转录组数据在代谢调控领域的重要应用价值，为研究人员深入理解代谢调控的机制和疾病的发生提供了重要的理论和实验基础。

（三）疾病研究

1. 背景介绍

癌症是一种复杂的疾病，其发生和发展涉及多个基因和信号通路的异常调节。转录组数据的应用在癌症研究中具有重要意义，可以帮助揭示肿瘤细胞与正常细胞之间的基因表达差异，识别关键的调控因子和信号通路，为癌症的早期诊断、治疗和预后评估提供新的线索和策略。

2. 研究方法与数据来源

研究人员收集了来自肿瘤组织和对应的正常组织的转录组数据，包括 RNA 测序数据或基因表达芯片数据。这些数据反映了肿瘤组织和正常组织中基因表达的差异，为揭示癌症的分子机制提供了重要信息。

3. 研究结果与发现

通过对肿瘤组织和正常组织的转录组数据进行分析，研究人员发现了大量与肿瘤相关的基因表达变化。这些基因表达变化涉及多个关键的信号通路，如细胞增殖、凋亡、侵袭和转移等。进一步的功能富集和通路分析表明，这些基因表达的变化在癌症的发生和发展过程中起着重要作用，可以作为潜在的生物标志物和治疗靶点。

4. 研究意义与展望

该研究揭示了癌症组织与正常组织之间的基因表达差异，为研究人员深入理解癌症的分子机制提供了重要线索。这些发现不仅有助于癌症的早期诊断和预后评估，还为个性化治疗和靶向治疗策略的制定提供了新的思路和方法。未来，研究人员可以进一步探索这些基因表达变化的调控机制和相互作用网络，以及其在癌症治疗中的应用前景。

通过对以上案例的详细分析，可以看出转录组数据在癌症研究中的重要应用价值，为研究人员深入理解癌症的发生和发展提供了重要的理论和实验基础，为癌症的诊断和治疗提供了新的思路和策略。

第三节　转录组学数据在癌症研究中的应用

一、分析癌症组织和正常组织的转录组数据

（一）数据获取和预处理

在进行癌症组织和正常组织的转录组数据分析之前，首先需要获取相应的转录组数据。这些数据通常来自高通量测序技术，如 RNA-seq。RNA-seq 技术通过测序 RNA 样本中的转录本，可以获取到每个样本中基因的表达水平信息。这些数据的获取是转录组学研究的基础，为进一步分析提供了重要的数据支持。

1.RNA-seq 技术

RNA-seq 技术是一种用于测定转录组的高通量测序技术，其原理是通过转录本的拷贝数来反映基因的表达水平。在实验中，首先从样本中提取 RNA，并将 RNA 转录成 cDNA。然后，对 cDNA 进行文库构建、测序和数据处理等操作，最终得到原始的转录组数据。

2. 预处理步骤

获取到的原始数据需要经过一系列的预处理步骤，以确保后续分析的准确性和可靠性。预处理步骤主要包括以下几个方面：

（1）去除低质量序列

原始测序数据中可能包含质量较低的序列，这些序列可能由于测序仪器的误差或样本处理过程中的污染而产生。因此，需要使用质量控制软件，如 Trimmomatic 或 Cutadapt，对序列进行质量过滤，去除质量较低的部分。

（2）去除适配体

在测序过程中，样本中的 RNA 序列可能与测序引物的适配体相连。为了准确地识别和定量 RNA 序列，需要去除这些适配体序列。

（3）质量控制

对去除适配体后的序列进行质量控制是非常重要的。使用软件工具如 FastQC 可以对序列进行质量检测，评估测序数据的质量，并检查是否存在测序偏差或其他异常情况。

（4）数据归一化

在样本间比较时，由于测序深度和样本质量等因素的不同，可能会导致基因表达量的差异。因此，需要对数据进行归一化处理，以消除这些差异，使得不同样本之间的比较更加准确可靠。

（二）数据比较和差异分析

在转录组数据的分析过程中，进行癌症组织和正常组织之间的比较分析是至关重要的。这一步骤通常涉及差异表达基因的鉴定，以揭示癌症组织相对于正常组织发生的基因表达水平的显著变化。这些差异表达基因可能是癌症的特异性标志物或参与癌症发展的关键调控因子，对于研究人员理解癌症的发病机制和寻找潜在治疗靶点具有重要意义。

1. 差异表达基因鉴定

差异表达基因的鉴定通常通过统计学方法来进行。其中，DESeq2 和 edgeR 是两种常用的差异表达分析工具。这些工具基于负二项分布模型或泊松分布模型，通过对基因表达水平进行数学建模，可以确定两组样本之间哪些基因的表达存在显著性差异。这些差异表达基因通常通过设定一定的阈值，如调整的 p 值和表达倍变化（Fold Change），来筛选出具有统计学意义的差异表达基因。

2. 差异表达基因的功能注释

识别出差异表达基因后，接下来的步骤是对这些基因进行功能注释，以深入理解它们在癌症发生和发展中的作用和意义。功能注释可以通过基因本体分析（Gene Ontology，GO）和通路富集分析来实现。基因本体分析可以将差异表达基因分类到不同的生物学过程、分子功能和细胞组分中，而通路富集分析则可以揭示这些差异表达基因所涉及的生物通路和信号通路，从而帮助研究人员进一步理解癌症的发病机制。

（三）功能和通路分析

在转录组数据的分析过程中，鉴定了差异表达基因后，下一步是对这些基因进行功能和通路分析，以深入理解它们在癌症发生和发展中的作用和意义。功能注释和通路富集分析是两种常用的方法，它们可以帮助揭示差异表达基因所涉及的生物学过程和分子通路，为癌症的研究提供重要的启示。

1.功能注释：基因本体分析

基因本体分析是一种系统生物学方法，旨在将差异表达基因分类到不同的生物学过程、分子功能和细胞组分中，从而揭示这些基因在细胞生物学过程中的作用。基因本体分析（Gene Ontology，GO）是一套用于描述基因和基因产品功能的标准化的分类体系。通过基因本体分析，可以确定差异表达基因所涉及的生物学过程和分子功能，例如细胞信号传导、细胞周期调控、细胞凋亡等。这有助于研究人员理解这些基因在癌症发生和发展过程中的功能调控机制。

2.通路富集分析

通路富集分析旨在识别差异表达基因所涉及的生物通路和信号通路，从而深入了解这些基因在细胞内的相互作用和调控网络。通路富集分析可以利用公开数据库如KEGG（Kyoto Encyclopedia of Genes and Genomes）、Reactome等进行，通过对差异表达基因进行富集分析，可以发现这些基因在特定的生物通路和信号传导途径中的富集情况，例如细胞凋亡通路、细胞增殖通路等。通过对这些通路的分析，研究人员可以更全面地了解癌症的发病机制，为癌症的诊断和治疗提供新的靶点和策略。

二、预测癌症患者的预后和治疗反应

（一）预后预测

通过分析癌症患者组织的转录组数据，可以发现与患者预后相关的基因表达特征。这些特征可能包括某些基因的高表达与生存期延长或疾病进展缓慢相关联，或者某些基因的异常表达与预后不良相关。例如，一些肿瘤抑制基因的低表达或失活通常与恶性程度较高的肿瘤和不良预后相关联，而一些增强癌细胞增殖和转移的基因的高表达则可能预示着预后不良。通过建立预后模型，可以利用这些差异表达基因来预测患者的生存期、复发率和治疗反应情况。

1. 与预后相关的基因表达特征

许多研究表明，一些肿瘤抑制基因的低表达或失活与肿瘤的恶性程度和预后不良相关。例如，TP53 是一个重要的肿瘤抑制基因，其突变或低表达与多种癌症的预后恶化相关，其他的肿瘤抑制基因，如 PTEN、RB1 等，也常常与不良预后相关联。

一些促进癌细胞增殖、转移和侵袭的基因的高表达也与不良预后相关。例如，一些细胞周期调控相关基因如 CCND1、CDK4 等的高表达与肿瘤的恶性程度和预后不良相关。另外，一些转移相关基因如 MMPs、VEGF 等的高表达也被发现与癌细胞转移和预后不良相关。

2. 建立预后模型

通过建立预后模型，可以将这些与预后相关的基因表达特征整合起来，从而对患者的生存期、复发率和治疗反应情况进行预测。预后模型的建立通常采用生存分析方法，如 Kaplan-Meier 曲线、Cox 回归模型等。这些模型可以根据患者的临床病理特征和转录组数据，对患者进行分类，并预测其预后情况。

（二）治疗反应预测

转录组数据的分析不仅可以帮助研究人员理解癌症的发病机制和预后情况，还可以预测患者对特定治疗方案的反应情况。通过分析转录组数据，可以发现与治疗敏感性或耐药性相关的基因表达特征，从而为个体化治疗方案的制定提供重要依据。

1. 与治疗敏感性或耐药性相关的基因表达特征

（1）化疗药物敏感性或耐药性相关基因

许多研究表明，某些基因的表达水平可能与患者对化疗药物的敏感性或耐药性相关。例如，一些研究发现，对顺铂和紫杉醇敏感的乳腺癌患者通常具有更高水平的 DNA 修复相关基因（如 BRCA1）表达，而对顺铂和紫杉醇耐药的患者则可能具有更高水平的肿瘤耐药相关基因（如 MDR1）表达。

（2）免疫治疗或靶向治疗相关基因

除了化疗药物，转录组数据还可以预测患者对免疫治疗或靶向治疗的反应情况。例如，PD-L1 基因的高表达通常与免疫检查点抑制剂治疗的较好反应相关，对于 EGFR 阳性的非小细胞肺癌患者，其表达水平可以预测患者对 EGFR 抑制剂治疗的反应情况。

2. 建立治疗反应预测模型

建立治疗反应预测模型是将这些与治疗反应相关的基因表达特征整合起来，从而为患者的个体化治疗方案提供依据。预测模型的建立通常涉及多种机器学习方法，如支持向量机（SVM）、随机森林（Random Forest）等。这些模型可以利用患者的临床病理特征和转录组数据，预测患者对特定治疗方案的反应情况，并为医生提供决策支持。

（三）临床应用前景

随着转录组数据分析技术的不断发展和临床转化的推进，转录组数据在预测癌症患者预后和治疗反应方面的应用前景愈发广阔。将转录组数据与临床信息、影像学检查等其他多组学数据进行综合分析，可以建立更为准确和可靠的预后预测和治疗反应预测模型。这将有助于实现个性化医疗，为癌症患者提供更精准的诊断和治疗方案，最大限度地提高治疗效果和患者的存活率。

1. 综合分析多组学数据

转录组数据不是孤立存在的，它与基因组学、蛋白质组学、代谢组学等其他多组学数据具有密切的关联。通过综合分析这些数据，可以更全面地理解癌症的发病机制和进展过程。例如，将转录组数据与基因组学数据结合，可以发现患者的基因突变与基因表达异常之间的关系，从而更准确地预测患者的预后和治疗反应。

2. 建立精准的预测模型

基于转录组数据和其他临床信息的综合分析，可以建立精准的预后预测和治疗反应预测模型。这些模型可以利用机器学习算法，如深度学习、支持向量机等，从大量数据中学习模式和规律，从而为每位患者提供个性化的治疗方案。通过模型的应用，医生可以更好地了解患者的病情和预后，选择最佳的治疗策略，提高治疗效果和存活率。

3. 实现个性化医疗

将转录组数据应用于临床，可以实现个性化医疗。个性化医疗是指根据患者个体的分子特征和临床特点，设计出针对性的治疗方案，以提高治疗效果和减少不良反应。转录组数据的分析为医生提供了更全面、更精准的信息，使其能够根据患者的具体情况制定个性化的诊断和治疗方案，为患者提供更好的医疗服务。

三、指导个性化治疗方案的制定

（一）数据分析和解读

个性化治疗方案的制定是指，根据患者的个体特征和肿瘤的分子特征设计出针对性的治疗策略，以提高治疗效果和减少不良反应。而转录组数据的深入分析和解读则是实现个体化治疗方案的关键步骤之一，它能够为医生提供丰富的分子信息，帮助其了解患者肿瘤的分子特征及其可能的治疗靶点。

1. 转录组数据的预处理

对患者的转录组数据进行预处理是必不可少的步骤。这包括去除低质量序列、去除适配体、对序列进行质量控制等。通过这些预处理步骤，可以确保后续分析的准确性和可靠性，避免数据中的噪音和偏差对结果造成影响。

2. 差异表达基因分析

进行差异表达基因分析是非常重要的。通过比较癌症组织和正常组织的转录组数据，可以识别出癌症组织与正常组织相比表达水平发生显著变化的基因。这些差异表达基因可能包括癌症特异性基因、抑癌基因、增殖基因等。通过分析这些差异表达基因，可以了解患者肿瘤的分子特征，为个体化治疗方案的制定提供重要依据。

3. 通路富集分析

除了差异表达基因分析外，通路富集分析也是非常关键的步骤之一。通路富集分析可以揭示差异表达基因所涉及的生物通路和信号通路，从而帮助研究人员更深入地理解肿瘤的发病机制。例如，可以发现哪些信号通路被异常激活或抑制，以及这些通路是否可以作为治疗靶点。这些信息对于个性化治疗方案的制定至关重要，能够帮助医生选择最合适的治疗策略，提高治疗效果。

（二）靶向治疗策略选择

基于转录组数据的分析结果，医生可以制定个性化的靶向治疗策略，针对患者肿瘤中的特定通路或靶点进行精准干预，以提高治疗效果，减少不良反应。

以下是靶向治疗策略选择的关键步骤和方法：

1. 信号通路分析

转录组数据分析可以帮助医生发现患者肿瘤中异常活跃的信号通路。通过分析差异表达基因所涉及的生物通路和信号通路，可以确定哪些通路在肿瘤发生和发展中起到关键作用。例如，细胞增殖、细胞凋亡、血管生成等信号通路在肿瘤生长和扩散过程中起到重要作用。

2. 靶点识别

在确定了异常活跃的信号通路后，接下来的步骤是识别该通路中的潜在治疗靶点。转录组数据分析可以帮助医生发现与这些信号通路密切相关的基因或蛋白质，这些基因或蛋白质可能是患者肿瘤中的关键调节因子或靶点。通过对这些靶点进行干预，可以抑制异常信号通路的活性，从而抑制肿瘤的生长和扩散。

3. 靶向治疗药物选择

基于转录组数据分析结果，医生可以选择合适的靶向治疗药物来针对患者肿瘤中的特定信号通路或靶点。这些靶向治疗药物可以是针对特定受体、激酶或其他蛋白质的抑制剂，能够精准地干预异常信号通路的活性。例如，针对 EGFR、VEGF 等靶点的抑制剂已经在多种癌症治疗中取得了显著的疗效。

（三）治疗方案优化和调整

治疗方案的个体化定制是癌症治疗中的关键策略之一，然而，患者的治疗反应和病情状态可能随时间变化。因此，及时对治疗方案进行优化和调整，对于确保患者能够获得最佳的治疗效果和生活质量至关重要。

1. 监测治疗效果

转录组数据可作为有效的监测指标，用于评估患者对治疗方案的反应。通过分析患者在治疗过程中的转录组变化，可以了解治疗是否对肿瘤产生了预期的影响。例如，治疗后肿瘤相关基因的表达水平是否发生了变化，以及这种变化是否与治疗反应相关。

2. 发现耐药性

转录组数据分析还可以帮助医生及时发现患者对治疗产生的耐药性。通过监测治疗过程中特定靶点或通路的基因表达变化，可以识别出肿瘤是否存在对治疗药物的耐药性。这样的信息对调整治疗方案至关重要，可以避免治疗失效或进一步加重肿瘤耐药性。

3.调整治疗策略

根据转录组数据的分析结果，医生可以及时调整患者的治疗方案，包括改变药物剂量、调整治疗周期、更换治疗药物等措施。根据患者的转录组特征来制定个性化的治疗方案，可以最大程度地提高治疗效果，减少治疗副作用。

第八章　生物大数据的多元化影响

第一节　临床医学中的生物大数据应用

一、大数据在医疗中的应用

（一）在临床方面的应用

大数据的崛起使大数据应用分析技术在医疗中发挥巨大的价值。病案系统（EMR）、实验室信息系统（LIS）与影像归档和通信系统（PACS）等数据信息系统的出现，为医生提供了更有效的诊断服务，有效地简化了医疗诊断流程，保证了医疗临床诊断结果更加准确，大大节约了病人和医护人员的时间，提高了医护人员诊断的准确率。医务人员合理应用 EMR、LIS 与 PACS 等数据信息系统，使医疗数据得到全面利用，能够有效、快速解决临床中难以及时处理的问题。基于大数据技术的临床医疗系统的应用，能够使医疗效率加快，并帮助医护人员解决更多问题。例如，医护人员在给女性患者做疤痕子宫剖宫产手术时，可以根据临床出血情况结合多名患者的历史数据进行临床应用探讨，并依据大数据技术提取粘连率、手术持续时间、术后出血量、进腹到胎儿娩出时间等价值信息，最后通过这些信息与首次剖宫产术的关系得出最佳手术解决办法。

与传统的临床医疗相比，大数据分析为医疗提供更多价值信息，对医疗数据进行分析、综合，并做出最大概率的预测，为医护人员提供最优建议。利用大数据分析技术能够更好地提升医疗临床系统决策的合理性，使得医疗临床观察数据更加科学，为医生提供准确的决策数据，保证医疗临床诊断水平、诊断效率得到有效提升。

1. 疾病诊断和预测

医疗信息系统中积累的海量数据包括患者的病历记录、实验室检查结果、影像学资料等，这些数据的分析和挖掘可以为疾病的早期诊断和发展趋势预测提供有力支持。首先，大数据分析可以帮助医生更早地发现疾病的迹象。通过对大量患者数据进行分析，可以建立疾病风险模型，识别出患者的高危状态。例如，在糖尿病的早期诊断中，大数据分析可以结合患者的生活习惯、基因型、血糖指标等多种因素，建立预测模型，帮助医生及时发现患者患糖尿病的风险，并采取相应的干预措施，延缓疾病的进展。其次，大数据分析可以预测患者的病情发展趋势。通过监测和分析患者的临床数据，可以发现一些与疾病进展相关的特征和规律。例如，在心血管疾病的预测中，可以利用大数据分析技术对患者的心电图、心脏超声等检查结果进行综合分析，预测患者未来的心血管事件发生风险，为医生提供制定个性化治疗方案的参考依据。此外，大数据分析还可以帮助医生进行疾病的规律性研究和趋势分析。通过对大量患者数据的统计和挖掘，可以发现一些与疾病发生、发展相关的规律性特征，为医学研究提供新的视角和思路。例如，在癌症研究中，通过对患者的基因组数据和临床表现数据进行整合分析，可以发现不同肿瘤类型的分子特征和病理机制，为个性化治疗提供科学依据。

2. 手术方案的个性化设计

大数据分析在手术方案的个性化设计中扮演着至关重要的角色，为医护人员提供了更为精确和全面的信息支持。通过综合分析患者的临床数据、病史资料以及手术相关信息，大数据技术可以实现对手术风险、术后并发症等关键因素的评估和预测，从而为手术方案的制定提供科学依据。

第一，大数据分析可以帮助医护人员评估手术风险。通过对大量患者的手术数据进行整合和分析，可以建立预测模型，识别出与手术相关的风险因素，并量化其对手术结果的影响程度。例如，在心脏手术中，大数据分析可以结合患者的年龄、性别、心血管疾病史等因素，预测术中和术后风险，为医生制定手术方案提供参考依据。

第二，大数据分析可以预测手术后的并发症发生率。通过对患者的临床数据和手术历史进行深入分析，可以发现与术后并发症相关的特征和规律。例如，在肾脏手术中，大数据分析可以结合患者的肾功能、手术方式、术前疾病等信息，预测术后肾功能损伤的发生率，为医生评估手术风险和制定术后管理方案提供依据。

第三，大数据分析还可以为手术方案的个性化设计提供实时指导。医护人员可以通过实时监测患者的生理参数和手术过程中的数据，结合大数据分析技术，及时调整手术方案，降低手术风险，提高手术成功率。例如，在神经外科手术中，医生可以通过实时监测患者的脑电图、脑血流动力学等数据，结合大数据分析结果，及时调整手术策略，最大程度地保护患者的神经功能。

3. 治疗方案的优化

利用大数据分析技术对治疗方案进行优化是医疗领域的一项重要任务，它为医生提供了更为科学和全面的决策支持，有助于提高治疗效果和患者的生活质量。通过分析大量的患者数据和治疗效果，医生可以更好地了解不同治疗方案对不同类型患者的疗效，从而选择最合适的治疗方案，实现个性化医疗的目标。

第一，大数据分析可以帮助医生确定最佳的治疗方案。通过收集和整合大量的患者数据，包括临床资料、影像学检查结果、实验室检验数据等，医生可以对不同治疗方案的治疗效果进行比较分析。例如，在心血管疾病治疗中，医生可以利用大数据分析技术比较不同药物治疗方案的效果，从而选择对患者最为有效的药物组合，提高治疗的成功率。

第二，大数据分析可以帮助医生个性化地调整治疗方案。通过监测患者的病情变化和治疗效果，医生可以及时调整治疗方案，以确保其符合患者的个体特征和疾病发展情况。例如，在肿瘤治疗中，医生可以根据患者的肿瘤类型、分期、遗传变异等因素，结合大数据分析结果，调整化疗方案的药物种类和剂量，提高治疗的针对性和效果。

第三，大数据分析还可以帮助医生预测治疗的潜在风险和并发症。通过分析大量的治疗数据和患者病史，医生可以识别出治疗过程中可能出现的风险因素和并发症，并采取相应的预防措施。例如，在手术治疗中，医生可以利用大数据分析技术预测手术的风险和并发症发生率，采取必要的措施减少患者的手术风险，提高手术的安全性。

（二）在生物制药方面的应用

大数据技术可以分析公众疾病的药品需求情况，将所得信息反馈给医药研发部门，使其对有限的资源进行更有效地配置与管理。日常医护人员将就诊病人的相关数据汇入到数据仓库中，使其与历史记录汇集、分类，最后运用数据挖掘技术从数据仓库中获取有效信息，进行行为预测与判断，为生物制药提供有力依据，所以大数据在药物的生产与治理方面能够发挥巨大的作用。与传统的生物制药相比，大数据医疗生物制药能够实时监测药物的效果，及时检测药物的使用情况。大数据技术通过比对标准药物的成分及含量，可以检测是否出现制造假药等情况，为促进健康中国创造有利的基础条件。

1. 大数据技术在生物制药领域的应用体现在药品需求预测与规划方面

随着医疗信息系统的普及和数据采集技术的发展，研究人员可以获取到大规模的公众健康数据和疾病流行情况，这些数据包括患者的就诊记录、用药情况、病历信息等，涵盖了广泛的人群和疾病类型。通过对这些数据进行深入分析，可以实现对药品需求的准确预测，并为生物制药企业提供市场导向的研发方向和产品规划，从而确保药品的供应与需求之间的平衡，避免库存过剩或不足的情况发生。

第一，大数据技术可以帮助生物制药企业实现对不同地区和不同人群的药品需求量的精准预测。通过分析大数据，可以深入了解各个地区和人群的疾病谱、就诊习惯、用药偏好等情况，从而针对性地预测不同药品在不同市场的需求情况。这种精准的需求预测可以帮助生物制药企业在研发新药或扩大生产规模时做出明智的决策，避免因需求不足或过剩而导致资源浪费和经济损失。

第二，大数据技术可以为生物制药企业提供更加科学和全面的市场分析。通过对大数据进行深度挖掘和分析，可以了解不同药品在市场上的竞争情况、销售趋势、消费者反馈等信息，为企业制定市场营销策略和产品推广计划提供重要参考。此外，大数据分析还可以发现潜在的市场机会和消费者需求，为企业开发新产品或改进现有产品提供创新思路和方向。

第三，大数据技术还可以为生物制药企业提供供应链管理和库存控制方面的支持。通过对大数据进行实时监测和分析，可以及时发现供应链上的瓶颈和问题，优化供应链布局和管理模式，确保药品的及时供应和配送。同时，大数据分析还可以帮助企业实现对库存的精准控制，避免因库存过剩或不足而造成的资金浪费和经营风险。

2. 大数据技术在生物制药中的应用包括药物研发与生产过程的优化

在生物制药领域，大数据技术的应用在药物研发与生产过程的优化方面发挥着重要作用。通过对药物生产过程中的各个环节进行数据监测和分析，可以实现生产流程的优化和效率提升，从而降低生产成本，提高生产效率。

第一，大数据技术可以帮助生物制药企业优化药物研发过程。在药物研发的早期阶段，大数据分析可以加速药物筛选和设计的过程，通过对大规模的化合物数据库和生物活性数据的分析，可以快速识别潜在的药物靶点和候选化合物，缩短药物研发周期。同时，大数据技术还可以为药物的临床试验提供支持，通过分析临床试验数据和患者反馈信息，可以及时调整研发策略，提高临床试验的成功率和效率。

第二，大数据技术在药物生产过程中的应用可以帮助企业实现生产流程的精细化管理。通过对生产设备和工艺参数的实时监测和数据分析，可以发现生产中的异常情况和潜在问题，并及时进行调整和优化，保证生产过程的稳定性和一致性。此外，大数据分析还可以为生产计划和原材料采购提供决策支持，帮助企业合理安排生产任务和资源配置，降低库存成本和生产风险。

第三，大数据技术还可以帮助生物制药企业对药物质量进行监控和管理。通过对生产过程中产生的大量数据进行实时监测和分析，可以发现潜在的质量问题和异常情况，并及时采取措施进行修正和改进，确保药品符合相关标准和法规要求，提高药物的质量和安全性。同时，大数据分析还可以帮助企业建立药物追溯体系，追踪药物的生产过程和流向，保障药品的安全性和可追溯性。

3. 大数据技术在生物制药领域可以用于药物治疗效果监测与优化

通过对患者的临床数据和治疗效果进行监测和分析，可以实现对药物治疗效果的实时监测和评估，及时发现治疗效果不佳或出现副作用的情况，并根据患者的实际情况调整治疗方案，提高治疗效果和患者的存活率。

（三）在穿戴医疗产品方面的应用

大数据以及物联网的不断发展使市场出现大量智能产品，如智能穿戴测心率、监控血压等产品。可穿戴设备根据身体所发出持续性信息可及时发现身体异常症状。该医疗设备主要运用大数据技术对其收集到的数据进行科学地、正确地、及时地分析，并做出高效率和准确地反馈，根据反馈的信息，分析健康状况并做出调整。将大数据智能产品测出的血脂数据与正常数据进行比对，若发现异常，可及时发出警报信息进行反馈，并依据价值信息做出合理的判断与调整。大数据还可以改善公共健康监控，公共卫生部门通过大量数据收集对公共卫生做出整合处理，快速检测流行性传染病的扩散速度、流感病毒细胞的繁殖速度，以便及时做好防范措施。与传统的医疗设备相比，大数据医疗分析可根据数据库中已有的历史数据，如集合健康数据、生命体征的指标等来形成个体化数据库及电子健康档案。将对应数据库及电子健康档案信息植入电子设备中，该设备可通过随时监控血压、心率等生命体征指标进行健康管理及疾病提示。大数据技术可以建立健康管理档案，实现数据共享，具有比较强的关联能力。

二、大数据医疗与传统医疗的对比

传统医疗与大数据医疗在诊断错误概率、信息处理速度、医疗资源配置、个人医疗信息管理等方面存在较大差别。

（一）运作效率快、出错概率小

在传统医疗中，各种数据指标都需要人为操作，包括汲取和整合信息，人为处理数据的速度较慢且容易出错，更新速度慢，同时不宜做出科学的预测。而大数据医疗能够快速处理医疗信息，并且出错概率小，可以对数据进行及时更新，信息处理速度快。同时，大数据可以根据数据的整合、总结，做出科学的行为预测与判断。

（二）优质医疗资源分配更加合理

由于传统医疗资源受各方面因素影响，如医护人员受教育程度、地理位置、硬件设施等。医疗专家相对集中在大中城市，在乡镇等偏远地区则较为稀缺，医疗资源产生"两极分化"，时常出现看病难的现象——大医院人满为患，小医院缺少优质的医疗资源。基于大数据的医疗资源分配则更加合理，病人可以通过互联网平台提前预约知名医疗专家为其提供服务，可以实现在线远程指导和医疗帮助，同时很多医疗基础设施可以实现远程共享。所以，医疗大数据资源共享极大地提高了优质医疗资源的利用率，提高了医疗效率，缓解"看病难，看病贵"等问题。

（三）个人医疗信息更加完善

在传统医疗服务中，电子病历档案尚未归一化，在转院治疗过程中，接收医院难以掌握患者此前的治疗情况，缺少很多关键信息。大数据时代下，由于大数据医疗资源的共享应用，更多人建立了电子病历档案和医疗信息。对于个人信息采集与识别、医疗行为与费用支付等问题，大数据技术可以在不同医疗系统、医疗机构、地域之间提供便捷医疗共享服务，进一步助力医疗信息共享。

三、大数据医疗发展趋势

（一）大数据、云服务数据共享

依托大数据、云服务构建大型医学数据仓库，同时建设互联互通的国家、省、市、县四级人口健康信息平台，并在此基础上完成各级医疗机构间数据共享的工作，是大数据医疗发展的趋势。将物联网、移动互联网等关键技术逐步应用到医疗服务中，可以加强数据挖掘管理与有效信息的应用，为管理决策工作提供重要信息，进一步推动医疗健康发展，促进医疗资源的均衡配置。

（二）大数据医疗平台化

为了实现对医疗领域中海量数据的存储、管理与共享，建设大数据平台已成为时代不可缺少的应用。党的十九大报告提出要"建立全国统一的社会保险公共服务平台"，其内涵是运用"互联网＋"、大数据等信息化手段，为群众提供无地域流动边界、无制度衔接障碍、参保权益信息更加公开透明、社保服务更加便捷高效、各服务事项一体化有机衔接的社会保险公共服务。建立强大的大数据平台需要强大的数据支持能力，由此需要建设符合社会需求、监管、决策、服务的安全大数据医疗共享平台，同时，这些也是实现大数据汇集、存储、分析与应用的基础。实现统一标准、统一管制，提升管理效率，为管理层应用决策提供安全合理的保障。

四、大数据医疗安全问题

（一）信息安全问题

随着大数据与智能化的深入发展，产生了海量数据。由于医疗数据规模的庞大，并且每位患者的电子健康医疗档案中的数据信息共享具有较强的关联能力，容易导致数据泄露甚至被贩卖，患者的个人隐私得不到保障。数据库中的数据较多，会出现数据的冗余，在进行数据更新时造成数据丢失。同时，在数据资源共享的权限设置方面也存在问题，病人数据由医务人员录入，可能涉及医务人员主观上的随意修改，造成数据不正确并与实际症状结果数据不一致的情况。

（二）安全审计问题

大数据安全审计有助于医疗机构和企业发现自身的安全漏洞，但很少有医疗企业花费财力、物力去做大数据安全审计工作。由于医疗数据审计环节的疏漏，导致医疗机构在处理医疗大数据的迁移、同步、挖掘时，会出现大数据的丢失。因此，医疗大数据资源的安全审计问题显得尤为重要。然而安全审计较为复杂并且增加了数据的检测负担，需要专业人才结合具体问题进行分析，这增加了操作难度。但是随着大数据技术的突破性进展，大数据安全审计问题会被不断解决。

第二节　生物信息学和计算生物学的发展趋势

一、生物信息学在生物大数据分析中的角色和发展趋势

生物信息学作为生物学与信息学相交叉的学科，在生物大数据分析中扮演着重要的角色。随着生物学研究的不断深入和高通量技术的广泛应用，生物信息学在解读和分析海量生物数据方面的作用日益凸显。未来，生物信息学的发展将呈现以下几个方面的趋势：

（一）整合多组学数据

1. 数据整合的意义和重要性

整合多组学数据意味着将不同类型的生物学数据进行集成和分析，包括但不限于基因组学、转录组学、蛋白质组学、代谢组学等。这种整合能够为研究人员提供更全面、多维度的生物学信息，有助于揭示生物系统的复杂性和内在规律。通过整合不同层次的生物学数据，研究人员可以更好地理解生物体内各种生物分子之间的相互作用、调控机制以及其对生命活动的影响。

2. 数据整合的方法和技术

在整合多组学数据方面，研究人员通常会使用各种方法和技术来处理和分析不同类型的数据。这些方法包括但不限于数据集成、数据标准化、数据挖掘、统计分析、机器学习等。例如，通过建立生物数据库和数据仓库，将不同来源和类型的生物学数据进行统一管理和整合；利用数据挖掘和机器学习技术，挖

掘数据中的潜在模式和规律，发现生物学领域的新知识和新发现。

（二）发展机器学习和人工智能技术

随着机器学习和人工智能技术的飞速发展，其在生物信息学领域的应用也日益广泛。机器学习算法和人工智能技术能够处理和解释大规模生物数据，为生物学研究提供新的视角和方法。

1. 机器学习算法在生物信息学中的应用

机器学习算法能够从大规模生物数据中学习模式和规律，为生物学研究提供强大的工具和方法。在生物信息学中，机器学习算法被广泛应用于以下几个方面：

（1）基因表达模式识别

利用机器学习算法对基因表达数据进行分析和处理，可以帮助识别与特定生物过程相关的基因表达模式。例如，可以利用深度学习算法识别癌症患者的基因表达模式，从而实现癌症的早期诊断和治疗。

（2）蛋白质结构预测

机器学习算法可以用于预测蛋白质的二级和三级结构，帮助研究人员理解蛋白质的功能和作用机制。通过分析蛋白质序列和结构数据，可以预测蛋白质的结构和功能，为药物设计和疾病治疗提供新的思路和方法。

（3）生物序列分析

机器学习算法可以用于生物序列的比对、分类和注释，帮助研究人员理解基因组、转录组和蛋白质组等生物序列的结构和功能。例如，通过利用机器学习算法对 DNA 和蛋白质序列进行分析，可以发现新的基因和蛋白质，从而揭示生物学中的新规律和新发现。

2. 人工智能技术在生物信息学中的应用

除了机器学习算法，人工智能技术在生物信息学中的应用也越来越广泛。人工智能技术包括深度学习、神经网络、自然语言处理等，这些技术能够模拟人类的智能行为，为生物学研究提供新的思路和方法。

（1）深度学习在图像分析中的应用

深度学习算法在生物图像分析中发挥着重要作用，例如，在显微镜图像分析、医学影像分析等方面，利用深度学习算法对生物图像进行分析和处理，可以实现对生物学结构和过程的精准识别和定量分析。

（2）自然语言处理在文本挖掘中的应用

自然语言处理技术可以用于处理和分析生物学文献和数据库中的大量文本数据，帮助研究人员从中挖掘生物学知识和信息。例如，利用自然语言处理技术对生物学文献进行文本挖掘，可以发现新的生物学规律和关联关系，为生物学研究提供新的思路和方法。

（三）加强数据挖掘与模式识别

1. 数据挖掘技术的应用

（1）网络分析

数据挖掘技术可以应用于生物网络分析，揭示基因、蛋白质和代谢物之间的相互作用关系。通过构建生物网络并分析其拓扑结构和功能模块，可以发现关键调节因子和通路，帮助研究人员深入理解生物系统的调控机制。例如，通过对转录调控网络的分析，可以识别出关键转录因子和 miRNA，进而揭示基因调控网络的组织和功能。

（2）功能注释

数据挖掘技术可以帮助研究人员对基因和蛋白质进行功能注释，即确定它们在生物学过程中的功能和作用。通过比较基因序列和蛋白质结构与已知数据库中的信息，可以预测其功能和亚细胞定位。例如，利用基因本体（Gene Ontology，GO）和 KEGG（Kyoto Encyclopedia of Genes and Genomes）数据库进行功能注释，可以对差异表达基因进行生物学过程和分子功能的分类，从而洞察其在生物学中的作用。

2. 模式识别技术的应用

（1）序列模式识别

模式识别技术可以应用于生物序列的分析和识别，如 DNA 序列、RNA 序列和蛋白质序列。通过模式识别算法，可以识别出其中的重要序列模式和结构特征，为生物学研究提供重要线索。例如，通过对 DNA 序列的分析可以识别出基因启动子、转录因子结合位点等功能元件。

（2）图像模式识别

在生物图像分析中，模式识别技术可以帮助识别细胞、组织和器官等生物结构，从而实现对生物学过程的观察和分析。例如，利用计算机视觉和深度学习技术，可以对显微镜图像和医学影像进行自动识别和分析，辅助医生进行疾病诊断和治疗。

二、计算生物学方法和工具在生物学研究中的创新和应用

计算生物学是将计算机科学、数学和统计学等方法应用于生物学研究的交叉学科。在生物学研究中，计算生物学方法和工具的创新和应用对于解决复杂的生物学问题至关重要。未来，计算生物学领域的发展将呈现以下几个方面的趋势：

（一）发展高效的算法和模型

面对生物数据不断扩大的规模和不断提高的复杂性，计算生物学需要不断创新和优化算法和模型。新的算法和模型的出现为生物学研究提供了更快速、更准确的分析工具，从而加速了生物学研究的进展。

1. 序列分析算法的创新

针对基因组、转录组和蛋白质组数据的分析，计算生物学领域不断涌现出新的序列比对算法和序列组装算法。例如，Bowtie 和 BWA 等算法在快速、准确地进行序列比对方面具有显著优势；SPAdes 等算法则在序列组装中取得了重要突破，能够应对更复杂的基因组数据。

2. 蛋白质结构预测模型的改进

在蛋白质结构预测领域，计算生物学家不断改进和优化预测模型，以提高预测准确性和可靠性。新的蛋白质结构预测方法采用了深度学习等先进技术，能够更准确地预测蛋白质的结构和功能，为生物学研究提供重要支持。

3. 网络分析模型的创新

在生物网络分析领域，计算生物学家提出了许多新的网络分析模型和算法，用于研究基因调控网络、蛋白质相互作用网络等生物网络。这些新模型和算法能够揭示生物系统中的关键调控因子和通路，深入探究生物调控机制的复杂性。

（二）融合多学科知识

计算生物学的发展需要与生物学、计算机科学、数学、统计学等多个学科融合发展，构建跨学科的研究团队，共同解决生物学中的复杂问题。跨学科团

队能够整合不同领域的专业知识和技术，共同开发创新的计算工具和方法，从而更好地应对生物学研究中的挑战。

1.跨学科合作的重要性

生物学研究越来越需要计算生物学家与生物学家、医学家、统计学家等专业人士的合作。跨学科团队能够充分利用不同学科的专业知识和技术优势，共同开展创新性的研究工作，推动生物学研究的进步。

2.多学科知识的整合

计算生物学的发展需要将多学科知识进行有机整合，构建综合性的研究团队。这样的团队可以更好地理解生物学问题的复杂性，提出创新性的解决方案，为生物学研究的发展做出重要贡献。

第三节　生物大数据对生态学和环境科学的影响

一、生物大数据在生态系统监测和保护中的应用

生物大数据在生态学中的作用日益凸显，其为生态系统的监测和保护提供了重要的支持。通过对大量生物数据的收集、整合和分析，可以帮助研究人员更加全面地了解生态系统的结构、功能和动态变化，从而为生态保护和管理提供科学依据和决策支持。

（一）物种分布与生态位模型

生物大数据的应用使得物种分布与生态位模型在生态系统监测和保护中扮演了重要角色。这些模型利用大规模的物种分布数据和环境参数，如气候、地形、土壤等，来预测物种在不同环境条件下的分布范围和适应性。通过物种分布模型，研究人员能够识别出物种的关键栖息地和生境特征，从而为生态系统的保护和恢复提供科学依据。

例如，生态位模型可以基于物种的生物学特征和环境数据，推断物种的生境偏好和生态位需求。这些模型可以帮助研究人员了解物种在不同生境中的生存策略和竞争关系，从而指导保护区的规划和管理。同时，物种分布模型还可以预测物种的迁徙路径和扩散趋势，帮助研究人员预测气候变化等因素对物种

分布的影响，及时采取保护措施。

此外，物种分布模型还可以用于评估生态系统的健康状况和生态风险。通过监测物种的分布和数量变化，可以及时发现生态系统中存在的问题，并制定相应的保护策略和管理措施。因此，物种分布与生态位模型的应用为生态系统监测和保护提供了重要的科学支持。

（二）生态系统功能与生态过程模拟

生态系统功能与生态过程模拟是利用生物大数据构建生态系统功能模型和生态过程模拟，通过模拟不同环境因素对生态系统结构和功能的影响，来预测生态系统的响应和适应性，这些模拟结果对于生态系统管理和生态工程设计具有重要意义。

生态系统功能模型可以通过整合生物多样性数据、物种丰富度数据、生态功能数据等多维度信息，来描述生态系统的结构和功能特征。通过模拟不同环境因素对生态系统功能的影响，研究人员可以评估生态系统的稳定性和脆弱性，预测其对外部干扰的响应能力。这些模拟结果可以为生态系统管理者和决策者提供科学依据，指导其采取有效的管理措施，保护和恢复生态系统的功能和服务。

同时，生态过程模拟可以通过模拟生态系统中的关键过程和生物交互作用，来预测不同环境条件下生态系统的演化趋势和动态变化。例如，模拟气候变化对生态系统结构和功能的影响，可以帮助研究人员预测生态系统的适应性和脆弱性，从而制定相应的应对策略。

因此，生态系统功能与生态过程模拟为生态系统监测和保护提供了重要的工具和方法，为研究人员深入了解生态系统的运行机制和动态变化提供了有力支持。

（三）生物多样性监测与物种保护

生物大数据为生物多样性监测提供了丰富的信息资源，可以实现对物种多样性的动态监测和评估。通过对物种丰富度、物种组成和物种丰度等指标的分析，研究人员可以及时发现生物多样性的变化趋势，为物种保护和生态系统管理提供科学依据。

生物多样性监测利用大规模的物种分布数据、遥感数据和生态调查数据等，对生态系统中的物种多样性进行全面监测和评估。这些数据不仅包括物种的存在和分布情况，还包括物种的丰度、生境偏好、生态位等生物学特征。通过对这些数据的分析，研究人员可以了解不同生态系统中物种多样性的空间分布格局、季节变化趋势等信息，为物种保护和生态系统管理提供科学依据。

物种保护是生态系统监测和保护的重要组成部分。通过生物多样性监测，研究人员可以及时发现物种数量减少、濒危物种出现等问题，从而采取相应的保护措施。这些措施包括建立保护区、制订保护计划、加强监管执法等，旨在保护物种的栖息地，减少人类活动对物种的影响，保护生物多样性和生态系统的稳定性。

二、生物大数据在环境污染监测和应对措施中的作用和意义

生物大数据在环境科学中的应用不仅局限于生态系统监测，还可以在环境污染监测和应对措施中发挥重要作用。通过对生物体内的生物标志物和环境因子的监测，可以及时发现环境污染问题，评估污染程度，并采取有效的应对措施。

（一）生物标志物的监测与评估

生物大数据中的生物标志物数据对环境污染监测和评估至关重要。这些生物标志物可以是生物体内的化学物质浓度、基因表达水平、生理生化指标等，能够反映环境中污染物的存在和影响。通过监测生物体内污染物的浓度和生物效应的变化，研究人员可以评估环境污染的程度和对生物体健康的影响。例如，通过测量水生生物体内重金属、有机污染物等的浓度和毒性效应，可以评估水体污染的程度，为环境保护和管理提供科学依据。

生物标志物的监测还可以用于追踪环境污染物的来源和传播途径。通过比较不同地区或不同环境条件下生物体内污染物的浓度和效应，可以确定污染物的来源和可能的传播途径，指导环境监测和管理工作。例如，通过对水体中鱼类、贝类等生物体内微塑料的浓度监测，可以追踪塑料污染物的来源和传播路径，为塑料污染治理提供科学支持。

（二）环境因子与污染源识别

生物大数据在环境污染源识别方面具有重要作用，通过监测生物体内污染物浓度与环境因子的关联性，可以确定环境污染源的类型和位置，为环境治理

提供重要的科学依据和支持。这一领域的研究和应用涉及多个方面，包括监测技术、数据处理和解释，以及环境管理策略等。

1. 监测技术的发展

生物大数据的污染源识别和环境监测是环境保护和生态安全领域的重要任务之一，而先进的监测技术是实现这一目标的关键。这些监测技术涵盖了各种生物体内污染物浓度的检测方法和环境因子的监测技术，在近年来得到了长足的发展和创新。这些进步不仅提高了监测的准确性和可靠性，还拓展了研究人员对环境污染和生态系统变化的认识，为环境保护和治理提供了更为可靠的数据支持。

第一，生物传感器技术的发展为生物体内污染物浓度的监测提供了全新的解决方案。生物传感器是一种能够在生物体内实时监测特定化合物或生物参数的设备，其具有高灵敏度、高选择性和实时性等特点。近年来，生物传感器技术在生物大数据监测领域取得了重大突破，例如，利用基因工程技术构建的生物传感器可以实现对特定污染物的高效监测，从而为环境污染源的识别提供了可靠的数据支持。

第二，生物标志物监测技术的应用为环境监测提供了更为便捷和准确的手段。生物标志物是生物体内受到污染物影响而产生的特定生物分子或生物学响应，其变化可以反映环境污染程度和生物体受到的影响。近年来，随着生物技术的进步，生物标志物监测技术得到了广泛应用，例如，利用基因组学、蛋白质组学等技术对生物标志物进行高通量筛选和鉴定，从而实现对环境污染的快速、精准监测。

第三，生物成像技术的发展也为环境监测提供了新的视角和手段。生物成像技术可以实现对生物体内污染物分布和变化的实时观测，为环境污染源的识别和定位提供了直观的图像化信息。例如，利用生物成像技术可以实现对植物叶片中重金属元素的分布情况的高分辨率成像，从而准确评估大气重金属污染源对植物的影响程度。

2. 数据处理与解释

处理和解释海量的生物数据需要综合运用多种学科的知识和技术，包括生态学、统计学、计算机科学等，以确保从数据中提取出准确、可靠的信息，为环境保护和治理提供科学依据。

第一，建立数据模型是生物大数据处理和解释的关键步骤之一。数据模型是对数据进行抽象和描述的数学表达，能够帮助研究人员理解数据之间的关系和规律。在环境污染源识别中，可以通过建立空间分布模型、时间序列模型等来描述不同环境因素之间的关联性，从而揭示潜在的污染源及其传播途径。这些数据模型可以基于统计学原理、机器学习算法等方法构建，以实现对生物数据的有效解释和利用。

第二，开发数据处理算法是生物大数据处理和解释的核心内容之一。数据处理算法可以帮助研究人员从海量的生物数据中提取出有用的信息和特征，识别出环境污染源的类型和位置。在实际应用中，常用的数据处理算法包括聚类分析、主成分分析、因子分析等，这些算法能够帮助研究人员发现数据中的模式和规律，从而更好地理解生物系统的复杂性和环境的变化情况。

第三，应用数据挖掘技术也是生物大数据处理和解释的重要手段之一。数据挖掘技术可以帮助研究人员发现隐藏在数据背后的知识和信息，发现数据中的关联性和规律性。在环境污染源识别中，可以利用数据挖掘技术来分析生物体内污染物浓度与环境因子的关系，识别潜在的污染源及其影响范围。常用的数据挖掘技术包括关联规则挖掘、分类与预测、聚类分析等，这些技术能够帮助研究人员从复杂的生物数据中挖掘出有用的信息，为环境保护和治理提供科学依据。

3. 环境管理策略的制定

生物大数据的污染源识别为环境管理部门提供了重要的数据基础，使其能够有针对性地制定环境管理策略和措施，以有效应对环境污染和生态破坏问题。基于污染源识别结果，环境管理部门可以采取多方面的措施，以实现环境保护和可持续发展的目标。

第一，针对大气污染源的识别结果，环境管理部门可以制定一系列减排措施，以降低大气污染物排放量。这包括加强对工业企业的环保监管，推动工业企业采用清洁生产技术，减少工业废气的排放量；加强城市交通管理，促进绿色出行，减少机动车尾气排放等。同时，还可以建立大气污染物监测网络，及时监测大气污染物浓度和分布，为环境管理部门提供准确的数据支持。

第二，针对水体污染源的识别结果，环境管理部门可以制定水污染防治方案，保证水资源的安全和可持续利用。这包括加强对工业废水和生活污水的处理，提高污水处理设施的处理效率，减少污水对水环境的影响；加强对农业面源污染的治理，推广农业节水、减少化肥农药使用等农业生产方式，减少农业对水体的污染负荷。同时，还可以开展水生态修复工程，恢复水体的生态功能，提高水体的自净能力。

第三，环境管理部门还可以根据生物大数据的污染源识别结果，制定土壤污染防治措施、固体废物管理方案等，全面推进环境管理工作。例如，加强对土壤污染源的管控，推动工业企业采取有效措施减少土壤污染物排放；加强对固体废物的分类、收集、运输和处理的监管，减少固体废物对环境的污染影响。

（三）生物修复与生态修复

生物大数据在生物修复和生态修复领域的应用为环境污染治理提供了重要的科学依据和技术支持。生物修复和生态修复作为环境治理的重要手段，在实践中对环境的恢复和改善起到至关重要的作用。

1. 监测与评估

生物大数据的应用为评估提供了强大的数据支持，通过监测和分析生物体的生长状况、代谢活性和群落结构等信息，可以全面客观地评估修复工作的成效。

第一，生物修复效果的评估需要考虑土壤、水体或空气中有害物质的降解情况。利用生物大数据，可以监测土壤微生物群落的变化，包括微生物的丰度、多样性和功能组成等，从而评估生物修复过程中有害物质的降解速率和程度。同时，还可以通过监测植被的生长情况和植物对污染物的富集能力，评估植物修复的效果。此外，还可以分析土壤的理化性质变化，如土壤 pH 值、有机质含量、重金属含量等，以评估土壤环境的恢复程度。

第二，生态修复效果的评估需要考虑到生态系统的结构和功能的恢复情况。生物大数据可以用于监测生态系统中的生物多样性、生态功能和生态服务等指标的变化，从而评估生态修复的效果。例如，通过监测植物群落的物种组成和丰度变化，可以评估生态系统的物种多样性恢复情况；通过监测土壤酶活性、有机质分解速率等指标，可以评估生态系统的功能恢复情况。同时，还可以通过生态系统服务评估方法，评估生态修复对环境质量和人类福祉的影响，为环境管理和决策提供科学依据。

2. 方法与技术

生物修复和生态修复作为治理环境的重要手段，在不断创新和发展过程中，涌现出各种方法与技术，以应对不同类型的环境污染和生态破坏。这些方法与技术不仅包括传统的物理化学处理方法，还包括生物修复和生态修复等生物技术，这些技术的发展推动了环境治理工作的不断进步。

首先，生物修复方法包括植物修复、微生物修复和动物修复等。植物修复利用植物的吸收、转移和富集能力来清除土壤、水体或大气中的污染物。不同类型的植物具有不同的修复能力和适应性。例如，一些植物可以通过吸收重金属来净化土壤，而一些植物则可以通过吸收有机污染物来净化水体；微生物修复则利用微生物的代谢活性和生物降解能力来降解有机污染物和分解有害物质；动物修复则通过引入或保护适应环境的动物种群，促进生态系统的自然修复和恢复。

其次，生态修复方法涵盖了湿地修复、河流修复、湖泊修复等生态系统修复方法。湿地修复通过恢复湿地生态系统的结构和功能，实现湿地的生态功能恢复和生物多样性保护；河流修复主要通过调整河流的水文、水质和水生态条件，重建河道的自净能力和稳定性，以恢复河流生态系统的健康状态；湖泊修复则主要通过水质改善、湖泊富营养化治理和湖泊生态系统的重建等措施，恢复湖泊的水质和生态功能。

生物大数据为这些修复方法提供了重要的参考依据，通过分析生物体的生长特性、适应性和生态功能，可以指导修复方案的设计和实施。例如，利用生物大数据可以选择适应性强、生长快速的植物种类，设计出更加有效的植物修复方案；通过分析微生物群落的结构和功能，可以优化微生物修复的操作条件，提高修复效果和效率。同时，生物大数据还可以用于监测和评估修复过程中的效果，指导后续的管理和保护工作，实现环境的持续改善和生态系统的健康恢复。

3. 应用与前景

随着生物大数据技术的不断发展和完善，生物修复和生态修复的效果评估将更加精准和全面。传统的环境修复方法往往受限于数据采集和处理的能力，而生物大数据的出现为环境修复提供了新的思路和方法。生物大数据技术能够收集、存储和分析大规模的生物信息数据，包括物种分布数据、环境因子数据、生态过程数据等，为环境修复提供了丰富的信息资源。

首先，生物大数据技术可以帮助优化修复方案。通过分析大量的生物数据，包括植物、微生物和动物的生长特性、适应性以及生态功能，研究人员可以选择最适合环境修复的生物种类和生物组合，从而提高修复效果和效率。例如，利用生物大数据可以确定在特定环境条件下最适合生长的植物种类，以及最适合协同作用的微生物菌种，从而构建出更加符合生态系统需要的修复方案。

其次，生物大数据技术可以实现修复过程的实时监测和智能化管理。传统的修复过程往往需要大量的人力物力进行监测和管理，而生物大数据技术的应用可以实现对修复过程的自动化监测和智能化管理。通过结合人工智能、深度学习等技术，可以开发出智能监测系统，实时监测修复区域的生物多样性、生物量、生长状态等指标，并根据监测结果自动调整修复措施，以实现对环境的快速响应和有效治理。

未来，随着生物大数据技术的不断发展和应用，生物修复和生态修复将成为环境治理的重要手段，为解决环境问题提供更加可持续和有效的解决方案。通过充分利用生物大数据的优势，结合人工智能和深度学习等技术，我们有信心可以实现对环境修复过程的精准监测、智能管理，实现环境的持续改善和生态系统的健康恢复。

三、案例分析

生物大数据在水环境中抗生素来源研究中扮演着关键角色。据研究表明，城市废水中的抗生素含量通常在 100~1000ng/L 之间，其中包括环丙沙星、磺胺甲恶唑和甲氧苄啶等多种抗生素。这些抗生素进入生物体后，会以抗生素代谢物、葡糖醛酸和硫酸偶联物的形式排出体外，进入土壤和水环境。然而，传统的污水处理工艺往往无法完全去除污水中的抗生素残留物，导致这些残留物通过排放系统流入环境。生物大数据分析表明，城市污水系统中的抗生素主要源于两个方面：一是居民家庭使用的抗生素，据 2019 年的一项调查显示，欧美国家约有 75% 的抗生素来自城市居民；二是医用抗生素，许多医院未设置污水处理设施，直接将废水排放到城市污水系统中，使大量抗生素进入环境。此外，畜禽养殖企业也是环境中抗生素的重要来源之一，因为抗生素通常被用作动物的饲料添加剂，以促进动物生长。生物大数据分析还表明，动物排泄物中的抗生素在接触土壤后，随着时间的推移，虽然会发生生物降解，但残留的抗生素浓度足以改变土壤微生物的生存环境，进而引起土壤微生物的耐药性。有研究表明，若金霉素添加于牛饲料中的量为每头 70mg/d 时，每克牛粪便中金霉素可达到 14 微克。❶ 因此，通过生物大数据的综合分析，我们能够更好地理解和管理水环境中抗生素的来源和影响，为环境保护和治理提供科学依据。

（一）抗生素在环境中的生态风险

1. 抗生素在水环境中的生态风险

抗生素在水环境中的存在对水生生态系统构成了潜在的生态风险。这些抗生素通过医院排放、制药企业排放、农业用水以及养殖业废水等途径进入水环境，对水生生物产生直接的不可逆影响。主要表现在以下几个方面：首先，抗生素及其化合物对水生生物的影响是最直接的。残留的抗生素在水中会富集在高级水生生物体内，随着时间的推移，可能导致这些生物的生长繁殖能力下降，甚至对其免疫系统产生抑制，最终可能导致种群的消亡。这种积累和富集过程可能会扰乱水生生物的生态平衡，对水生生物群落结构和功能产生长期影响。其次，水中抗生素的残留也会对水生微生物产生影响。抗生素的存在可能减少或清除水中的微生物群落，从而改变水体的微生物组成和功能。这可能会影响水体的自净能力，进而影响水生生态系统的稳定性和健康状况。此外，抗生素的过度使用可能导致病原微生物的抗药性增强，使得某些病原体在水体中重新出现并引发新的疾病。这对水体的生物安全性和人类健康构成潜在威胁，需要引起重视，提出应对措施。

2. 抗生素在土壤环境中的生态风险

抗生素在土壤环境中的存在对生态系统构成了一定的生态风险。一方面，抗生素进入土壤后会对土壤微生物的丰度和多样性产生影响，同时也会影响土壤的理化性质。尤其是长期存在的抗生素会导致敏感细菌的死亡，诱导土壤微生物产生耐药基因，即使土壤中残留的抗生素浓度很低，也会诱导微生物群落中的基因融合和基因组重组，提高耐药基因在环境中的丰度和多样性，从而影响土壤微生物的平衡。此外，抗生素的存在还可能对土壤中的酶活性造成潜在的影响。例如，四环素类抗生素对土壤真菌漆酶和磷酸酶有着明显的抑制作用。

另一方面，抗生素进入土壤环境后还会对土壤动物产生影响。研究发现，

---

❶ 梁兰 . 金霉素在土壤 / 有机肥上的吸附及生态毒性研究 [D]. 杭州：浙江大学，2014.

在含有恩诺沙星的土壤中，蚯蚓经过一定时间的暴露后，其挖穴活动和呼吸作用均明显减弱，进而影响蚯蚓的健康和繁殖。这表明抗生素的存在对土壤动物的生态行为和生理功能产生了不利影响，从而影响了土壤生态系统的平衡和稳定性。

（二）抗生素修复方法

1. 污水中抗生素的去除方法

环境中抗生素种类多，且许多抗生素具有稳定性高、难以降解等特征，因此需发展高效的抗生素去除技术。污水中去除抗生素的传统方式主要包括活性污泥法、高级氧化法、活性炭吸附法和膜生物反应器法等。

活性污泥法是通过污泥表面吸附抗生素等污染物质，再使用好氧微生物产生生化反应的方式来净化水中包括抗生素等有机物质的污染物。该方法去除污染物的机制有两种。第一种通过吸附作用，如四环素类抗生素会附着在污泥颗粒上，从水体中直接去除；第二种通过生化反应，如磺胺类抗生素需要利用好氧微生物的代谢作用去除。此方法降解过程主要由微生物起作用，是一种比较经济有效的方法，且适合污水中含有大量有机污染物的情况。然而，该方法对于微量的污染物的去除效果并不理想。

高级氧化法通过强氧化剂或电化学反应，如臭氧氧化、芬顿反应、电化学氧化及光催化，破坏抗生素分子结构，从而从污水中去除抗生素。其优点在于能够降解生物难降解的有机物，并且产生有毒的副产物较少，这对于环境保护和可持续发展具有重要意义。然而，高级氧化法的生产成本较高，大规模应用可能存在一定的经济压力。因此，在推广应用中需要考虑其经济成本和适用范围。

活性炭吸附法是一种利用活性炭的吸附特性去除污染物的方法。活性炭是一种多孔物质，孔隙发达，占总表面积的 90% 以上，其粒径适中，化学稳定性好，吸附性能强，并且可以重复使用。这些特点使得活性炭成为一种高效、稳定且经济的吸附剂，能够有效地去除水中的多种有机污染物，其中就包括抗生素。[1]研究结果表明，活性炭对初始浓度为 10μg/L 的四环素类抗生素的吸附效果显著，能够去除 68% 以上的抗生素。

活性炭的多孔结构有利于吸附小分子质量的有机物，以达到良好的去除污

---

[1]　孟红旗，杨英，李素敏. 金属负载活性炭吸附去除单宁酸的试验研究 [J]. 环境科技，2012，25（6）：1-4.

染的效果，但是水中往往含有多种大分子污染物，其中就包括抗生素物质，所以活性炭孔隙的表面积不能够得到有效利用，这就会使得活性炭的吸附能力下降，使用寿命大幅度下降。对于活性炭去除水中抗生素类污染物的方法，研究人员需要对活性炭进行改性和制备，去除不利因素，扩大活性炭多孔隙的优势，使其达到良好的吸附效果再投以使用。

膜生物反应器法已被广泛认为是去除污水中抗生素的有效方法，但其相较于传统工艺的优势尚未得到明确的量化。在抗生素污水处理中，膜生物反应器法的去除率大约在 25%～95%。[1] 水流经过生物膜时，高生物密度和丰富的生物噬菌酶可以提高污染物去除效率。膜生物反应器法的优点在于其可以在高进料条件下运行，并利用高污泥浓度对反应器进行精确控制。然而，如何解决膜污染的问题是关键所在，膜污染的处理是当前面临的主要挑战。

随着技术研究的深入，出现了诸多新方法，新技术处理污水中的抗生素。例如人工湿地技术、电子束辐照技术、纳米材料处理技术等，都具有成本低、去除效果好等特点。

人工湿地技术是仿制自然湿地的生态功能，经由基质、微生物、植物等因子相互影响，达到清除污水中抗生素等污染物目的。这种技术不仅高效、美观、环保，而且成本低，能够有效地净化污水。电子束辐照技术利用高能电子束对污水进行直接辐射，会出现具有氧化还原作用的活性粒子，这些活性粒子可以破坏抗生素的分子结构，从而实现抗生素的去除。但是这种新技术还未在实际应用中充分运行实践，在实际使用中的运行条件优化等方面还待进一步探究。

2. 土壤中抗生素的去除方法

土壤中的抗生素污染问题具有一定的复杂性和长期性，传统的物理化学方法虽然能够在短时间内见效，但在面对大规模土壤污染时显得力不从心。这是因为土壤环境的复杂性，包括土壤类型、抗生素种类和浓度等因素的影响，导致单一方法往往难以达到理想的去除效果。因此，联合修复成为治理土壤中抗生素的主流方法之一。

联合修复通常采用生物修复和物理化学修复相结合的方式，综合利用两种方法的优势，达到更高效、更全面的修复效果。生物修复利用微生物的作用，

---

[1] 杨莲．抗生素抗性基因在城镇污水处理系统的分布与去除机制研究 [D]．哈尔滨：哈尔滨工业大学，2019.

通过生物降解的方式迅速分解土壤中的抗生素。微生物在适宜的环境条件下能够高效降解多种有机物，包括抗生素，因此是治理土壤污染的重要手段之一。物理化学修复则主要利用化学物质或物理过程改变土壤中抗生素的性质，或者将其与其他物质结合、分离，以实现抗生素的去除或转化。在联合修复过程中，需要根据具体的土壤污染情况和治理目标选择合适的方法和方案。例如，针对污染物浓度较高的情况，可以先采用物理化学方法将部分抗生素去除，再通过生物修复进一步清除残留的抗生素。而对于污染物浓度较低但长期存在的情况，生物修复可能更为适合，因为其能够持续稳定地降解抗生素，并且成本和环境风险较低。

　　化学—植物联合修复技术具有环保可持续、低成本、高效率的优势。利用有机物质或无机物质或两种混合物质制作土壤改良剂改变土壤的物理化学性质，再利用植物的富集和吸收作用来达到去除污染物的目的。例如，在土壤中加入化学试剂将 3 价镉离子转化为土壤的有效镉浓度，可以明显提高植物对重金属镉的富集作用。植物—微生物联合修复是一类适用面广，去除效果好，对环境无污染的方法。研究发现黑麦草、苜蓿、微生物菌剂联合对多环芳烃污染过的土壤的处理效果高于单独植物或微生物对污染土壤修复的处理效果。在现实受到污染的土壤中，往往会出现重金属和抗生素复合污染的情况，研究人员利用紫茉莉、孔雀草两种植物和紫金牛叶杆菌、真菌胶红酵母，对受到土霉素和镉污染的土壤进行植物—微生物联合修复。土霉素降解菌提高了生物量，促进了镉的吸收。当土霉素质量分数达到 5mg/kg，其降解率达到 70.6%。[1]

　　目前，关于联合修复去除土壤中抗生素的研究和案例相对较少，但是该方式在去除土壤中其他有害物质中已经得到了广泛的应用，也为联合修复去除抗生素的研究方向提供了思路，未来可以进一步探索联合修复土壤抗生素应用潜力。

---

[1]　陈苏，陈宁，晁雷，等.土霉素、镉复合污染土壤的植物-微生物联合修复实验研究 [J].生态环境学报，2015，24（9）：1554-1559.

参考文献

[1] 黄婧，王云光，皮冰斌.健康医疗大数据的安全保障技术研究[J].计算机时代，2018，317（11）：49—52.

[2] 大数据战略重点实验室.大数据概念与发展[J].中国科技术语，2017，4：43—50.

[3] 周立广.医疗领域中大数据分析技术及应用[J].通讯世界，2018，25（12）：42—43.

[4] 段雯琼，任亚丽，薛然.基于"互联网＋"和大数据分析的社区老人智能医疗服务系统[J].中国新通信，2017，19（8）：157.

[5] 尚志会，李洪进，谢小芳.大数据环境下医疗资源调度算法研究[J].网络安全技术与应用，2018（9）49.

[6] 胡世友.羟基自由基和万古霉素的可视化检测[D].广州：广州中医药大学，2020（2）：2—3.

[7] 高远.Fe^{2+}/NH_2OH联合活化 PMS 去除水中典型抗生素的研究[D].哈尔滨：哈尔滨工程大学，2017（1）：1—3.

[8] 常静，李蕴华，凤英，等.畜禽粪污源抗生素污染对土壤和作物的潜在风险及对策[J].畜牧与饲料科学，2020，41（6）：50—55.

[9] 姚志鹏，李兆君，梁永超，等.土壤酶活性对土壤中土霉素的动态响应[J].植物营养与肥料学报，2009，15（3）：696—700.

[10] 胡尧，马晓黎.岷江上游流域土壤抗生素残留对农业生产的影响[J].四川农业科技，2021（3）：38—40.

[11] 王依琳，张蕊，张强英，等.污水中抗生素的分布、来源及去除研究进展[J].再生资源与循环经济，2022，15（3）：36—41.

[12] 宏基因组分析和诊断技术在急危重症感染应用专家共识组.宏基因组分析和诊断技术在急危重症感染应用的专家共识[J].中华急诊医学杂志，

2019，28（2）：151—155.

[13] 中华医学会检验医学分会.宏基因组测序病原微生物检测生物信息学分析规范化管理专家共识 [J].中华检验医学杂志，2021，44（9）：799—807.

[14] 王俊，郭丽，吴建盛，等.大数据背景下的生物信息学研究现状 [J].南京邮电大学学报（自然科学版），2017，37（4）：62—67.

[15] 华琳，刘红.医学生物信息学课程教学的探索与思考 [J].数理医药学杂志，2015，28（6）：945—947.

[16] 陈艳炯，杨娥，寻萌，等.生物信息学资源及其在医学微生物学教学中应用的体会 [J].医学教育研究与实践，2020，28（3）：482—486.

[17] 刘曜硕.Python 与 R 语言混合编程方法的实践 [J].电子技术与软件工程，2021（5）：40—41.

[18] 梁猛，席珺，王文锐，等.医学院校生物信息学本科教学探索及思考 [J].基础医学教育，2018，20（4）：281—283.